設計技術シリーズ

―省電力を実現する―
小型モータの原理と駆動制御

［著］

群馬大学
石川 赴夫

科学情報出版株式会社

まえがき

　モータの歴史は古く、コンピュータ、スマートフォンや AI 技術に比べると、地味な技術であるが、日本における電力の半分がモータを介して使用されていることを考えると、省エネ、節電が大きな社会問題となっている現在、電力を有効に使ううえでモータの高効率運転はきわめて重要な技術といえる。モータには大別して DC モータ（直流機）、誘導モータ、同期モータがあり、それらの特性や高効率運転技術は工学における重要な技術分野を形成している。

　本書はこのような状況をふまえて、主に大学の学部において電気工学分野の電気機器を履修するためのテキスト、および電気と機械のエネルギー変換に関係するメーカの技術者が電気機器を履修するためのテキストとして執筆したものである。電気機器のテキストとしては昔から多くの名著があり、そして近年におけるパワーエレクトロニクスの進歩による電力変換器を用いたベクトル制御などの可変速駆動の名著も発表されつつある。著者は、大学において電気機器およびパワーエレクトロニクスの講義を長年行うと同時に、研究室学生と共に上記の名著を勉強してきた。本書は使用した教材をもとに取捨選択と特に高効率運転分野の補充を行い、大学の工学部学生および電気メーカの技術者向けのテキストとしてまとめたものである。本書を最後まで読むことにより「―省電力を実現する―小型モータの原理と駆動制御」に関する技術を習得できることを目的とし、具体的には以下の点に留意して執筆した。

(1)「―省電力を実現する―小型モータの原理と駆動制御」を身につけるための入門書として、DC モータ、誘導モータ、同期モータを扱い、その動作原理、等価回路、高効率駆動制御技術の順で分かりやすく説明している。
(2) DC モータについては、まず動作原理を分かりやすく説明し、手軽に製作できるクリップを用いたモータの作り方も示している。次に、制御で使用する MATLAB モデルおよび電子回路シミュレータで用いるこ

とのできる Spice モデルを導出している。最後に、鉄損を考慮したモデルと高効率駆動制御について説明している。
(3) 誘導モータについては、まず動作原理を説明し、動作原理が分かりやすい立って回るアルミの卵についても説明している。次に、定常状態を扱う等価回路を導出し、高効率運転について説明している。最後に、ベクトル制御用等価回路に鉄損を考慮した MATLAB モデルを導出し、高効率駆動制御について説明している。
(4) 同期モータについては、まず動作原理を分かりやすく説明し、ブラシレス DC モータとして回る磁石のコマの作り方も示している。次に、定常状態を扱う等価回路を導出し、それを用いた運転特性、およびベクトル制御用等価回路を用いた銅損最小制御、鉄損最小制御について説明している。最後に、鉄損を考慮した MATLAB モデルを導出し、高効率駆動制御について説明している。

　上述の点に留意しながら、本質を理解できるように執筆したつもりであるが、説明不足な点や独善的な点もあるのではないかと考えている。読者の皆様からご意見いただければ幸いである。
　終わりに、本書は研究室の学生と勉強しながらまとめたものであり、群馬大学石川研究室出身の学部、大学院学生に感謝します。図面の作成でお世話になった戸谷育恵氏に謝意を表します。また、本書の出版にあたりお世話になった科学情報出版㈱の関係各位に感謝します。

石川赴夫

目　　次

まえがき

1章　DCモータ

1−1　動作原理 ………………………………………………… 4
　❖コーヒーブレイク：クリップでできるDCモータ ……… 10
1−2　電気−機械エネルギー変換 …………………………… 12
1−3　DCモータの回路方程式 ……………………………… 14
1−4　DCモータの駆動回路 ………………………………… 20
1−5　DCモータのMATLABモデル ………………………… 23
1−6　DCモータのSpiceモデル ……………………………… 26
1−7　鉄損を考慮したDCモータ …………………………… 29
1−8　鉄損を考慮したDCモータの定常時の高効率運転 …… 36

2章　誘導モータ

2−1　動作原理 ………………………………………………… 50
2−2　回転磁界 ………………………………………………… 53
　(1) 三相交流による回転磁界 ……………………………… 53
　(2) 半導体スイッチ（トランジスタとダイオードの逆並列素子）
　　　による回転磁界 ………………………………………… 58
2−3　T形およびL形等価回路 ……………………………… 60
　(1) 誘導電動機の構造による分類と高効率化の方法 …… 60
　　❖コーヒーブレイク：誘導電動機として回るアルミの卵 …… 62
　(2) 誘導電動機の等価回路の導出 ………………………… 63
　(3) 回路定数の求め方 ……………………………………… 71
　(4) 1相分等価回路を用いた特性 ………………………… 73
　(5) L形等価回路における最大トルク、最大出力、最大効率 …… 78

−v−

2−4　ベクトル制御用回路方程式と等価回路 ･････････････････ 83
　(1) 座標変換 ･･ 83
　(2) 誘導電動機の座標変換 ･････････････････････････････････ 91
　(3) 別の状態変数を用いた回路方程式 ･･････････････････････ 95
　(4) $\gamma\delta$ 軸等価回路 ･･･ 99
　(5) トルク ･･･ 101
2−5　MATLABモデル ･････････････････････････････････････ 103
　(1) 状態変数からブロック線図へ ･････････････････････････ 103
　(2) 誘導電動機のブロック線図 ･･･････････････････････････ 105
2−6　鉄損を考慮した場合の等価回路、回路方程式、MATLABモデル ･･ 107
2−7　駆動回路 ･･ 116
2−8　鉄損を考慮したときの定常時の高効率運転 ･････････････ 120

3章　同期モータ

3−1　同期モータの動作原理 ･････････････････････････････････ 138
　(1) 動作原理 ･･ 138
　(2) 同期モータの構造による分類と高効率化の方法 ････････ 145
3−2　1相分等価回路 ･･ 146
　(1) 円筒形同期モータの等価回路の導出 ･･････････････････ 146
　(2) 1相分等価回路を用いた特性 ･･････････････････････････ 148
　　❖コーヒーブレイク：ブラシレスDCモータとして回る磁石コマ ･･･ 155
3−3　ベクトル制御用回路方程式と等価回路 ･･････････････････ 158
　(1) 同期モータの座標変換 ･･･････････････････････････････ 158
　(2) dq 軸等価回路 ･･ 163
　(3) 銅損最小制御 ･･･････････････････････････････････････ 164
　(4) 鉄損最小制御 ･･･････････････････････････････････････ 166
　(5) 同期モータのMATLABモデル ･･･････････････････････ 170
3−4　鉄損を考慮した場合の等価回路、回路方程式、MATLABモデル ･･ 172
　(1) 等価回路、回路方程式、MATLABモデル ･･････････････ 172

(2) 回路定数の求め方 ・・・・・・・・・・・・・・・・・・・・・・・・・・・・・・・・・・・・・・175
(3) シミュレーション例・・・・・・・・・・・・・・・・・・・・・・・・・・・・・・・・・・・・・・176
3－5　鉄損を考慮したときの定常時の高効率運転 ・・・・・・・・・・・・・・・・・・182
(1) 速度－トルク領域での諸特性・・・・・・・・・・・・・・・・・・・・・・・・・・・・・・182
(2) SynRM、円筒形モータの式・・・・・・・・・・・・・・・・・・・・・・・・・・・・・・・191

1章

DCモータ

モータの歴史は古く、約 200 年前の 1821 年にファラデーが最初のモータを発明したと言われている。200 年の歴史を持つモータ技術は、コンピュータやスマートフォン技術に比べると、地味な技術であるが、省エネ、節電が大きな社会問題となっている現在、電力を有効に使うことは重要なことである。モータの消費電力量について、いくつかの調査や推定計算が行われている。例えば、文献 [1-1] では、2005 年の産業（製造業）＋業務＋家庭の国内電力消費総量 9,996 億 kWh の内モータは 57.3% にあたる 5,731 億 kWh を消費しているグラフを示している。[1-2] では、モータの年間消費電力量を 5,430 億 kWh と推定し、電力 10 社の年間販売電力量および自家発電の合計に占める割合の 55% 程度と記載している。[1-3] では、日本における家庭用、業務用、産業用を合わせたモータの普及台数は約 1 億台で、それらによる年間の消費電力量は我が国の全消費電力量の約 55% を占めると記載している。いずれにしても、国内電力消費総量の 50% 強がモータを介して消費されているといえる。従って、モータ効率（出力電力／入力電力）を上げることは、省エネ、節電にとって重要なことである。モータには、主として直流モータ（DC モータ）、誘導モータ、同期モータが使用されている。そこで、本書では上記 3 つのモータについて、特に効率に重点を置いてそれらの動作原理や駆動法を説明する。

1-1　動作原理

　DCモータは、モータに直流電圧を与えるだけで回転し、安価であるので広く使用されている。例えば、高級な自動車には50個以上が使用されているといわれている。また、おもちゃ用のモータやロボットなどにも多用されている。電子制御を行う場合のパワー半導体素子は1から4個で制御法も比較的簡単である。

　図1-1に小型DCモータの断面図を示す。次のものから構成されている。
  a. 電機子
  b. 界磁
  c. ブラシと整流子

　電機子は、積層鉄心（同じ形の薄い鉄心を複数層積み上げたもの）に巻線を巻いたものである。この図では、小型モータ用で3個のコイルで構成されているが、大型のものはその数が多い。**界磁**は、小型のものは永久磁石でできているが、大型になると電磁石で構成される場合もある。DCモータでは、電機子が回転し、界磁は回転しない。そして、**ブラシ**

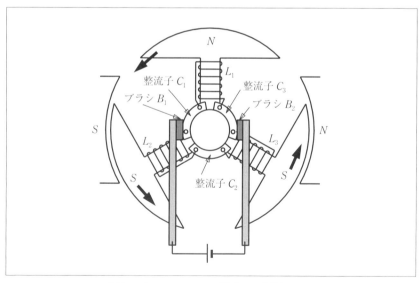

〔図1-1〕DCモータの構造及び動作原理

− 4 −

と**整流子**は電機子の回転に応じて電流を切り替える機械的なスイッチの役目をする。図ではブラシが2個、整流子が3個あり、巻線は図のように整流子に接続されており、ブラシは回転せず、整流子は回転する。

ここで、DCモータと呼ばれるものには、図1-1に示したブラシと整流子を用いて電機子の回転に応じて電機子巻線に流れる電流を切り替える方式以外に**ブラシレスDCモータ**があるので、それについて説明しておく。両者を区別する場合、通常のDCモータをブラシ付DCモータということもある。ブラシ付DCモータでは、ブラシと整流子が機械的な接点を持っているため、高速回転が難しく、ブラシと整流子の接触による磨耗の問題がある。そのため、メンテナンスが必要であり、寿命も短い。ブラシ付DCモータのこの欠点を解決するためにブラシと整流子を半導体スイッチで置き換えたものがブラシレスDCモータである。ブラシレスDCモータでは、界磁となる永久磁石が回転し、電機子となる巻線は3相で出来ており、直流電源からインバータという半導体スイッチを用いてブラシと整流子のような働きをさせて、適切な巻線に電流を供給して駆動させる。つまり、両者の電源は直流電源で同じであるが、ブラシ付DCモータでは巻線が回転し、ブラシと整流子で電流を切り替えて駆動するのに対して、ブラシレスDCモータでは、磁石が回転し、位置情報を用いてインバータで電流を切り替えて駆動する。

次に、図1-1を用いて動作原理を説明しよう。電流は電源→ブラシ→整流子→電機子巻線→整流子→ブラシ→電源の回路で流れる。図1-1の状態では、電源→ブラシB_1→ブラシと接した整流子C_1→電機子巻線L_1→整流子C_3→ブラシB_2→電源の回路で流れる。巻線L_1に流れる電流によって、L_1が巻かれた積層鉄心はアンペールの右ねじの法則によりN極となる。もう1つの回路として、電源→ブラシB_1→整流子C_1→コイルL_2→整流子C_2→コイルL_3→整流子C_3→ブラシB_2→電源にも電流が流れる。そしてL_2とL_3が巻かれた積層鉄心はS極となる。巻数L_1のN極は右側の界磁N極から反発力、左側のS極から吸引力を受ける。巻線L_2のS極は左側のS極から反発力を受ける。また、巻線L_3のS極は右のN極から吸引力を受ける。その結果、時計方向の力を受けて回転

する。120度回転すると巻線L_3が図のL_1の位置に来て、同様の力を受け回り続ける。つまり、ブラシと整流子は電機子の回転に応じて電機子巻線に流れる電流を切り替えて、同じ方向のトルクを発生させる。その結果DCモータは回転し続ける。

DCモータの動作原理は、理科で習った*iBl*則と*vBl*則で説明されることが多い。***iBl*則**では、磁束密度B[T]の磁界の中で長さl[m]のコイルに電流i[A]が流れている場合、磁界と電流のなす角度をとるとき、コイルに流れる電流には次式で表されるf[N]の力が働く。

$$iBl 則：f = iBl\sin\theta \quad\quad\quad\quad\quad\quad\quad\quad (1\text{-}1)$$

フレミングの左手の法則はそれぞれの向きを示す。図1-2に示すように、左手の薬指の指す方向を電流の流れる方向、人差し指の指す方向を磁界の方向とした場合、親指の指す方向が力の方向となる。また***vBl*則**では、磁束密度B[T]の磁界の中で長さl[m]のコイルが速度v[m/s]で磁界と角度の方向に移動するとき、コイルには次式で表されるe[V]の起電力が発生する。

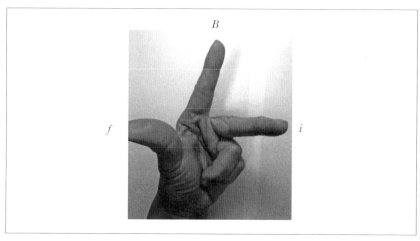

〔図1-2〕フレミングの左手の法則

vBl 則： $e = vBl \sin\theta$ ·· (1-2)

フレミングの右手の法則はそれぞれの向きを示す。図 1-3 に示すように、右手の人差し指の指す方向を磁界の方向、親指の指す方向を移動方向とした場合、中指の指す方向が起電力の方向となる。

中心から半径 r [m] の位置にある 1 本の導体に対してトルクは次式となる。

$$T = fr = iBlr \sin\theta$$

また、速度 v [m/s] の代わりに回転角速度 ω_m [rad/s] を用いると

$$e = vBl \sin\theta = r\omega_m Bl \sin\theta = \omega_m Blr \sin\theta$$

DC モータについてトルクと起電力を求めるには、図 1-4 に示す様に電機子電流が電機子の周方向に一様に流れている状態を考えて、周方向に積分すればよい。このように、一様分布の電流を仮定して、トルクと起電力を求めると次式となる。詳細は、例えば [1-4] を参照されたい。

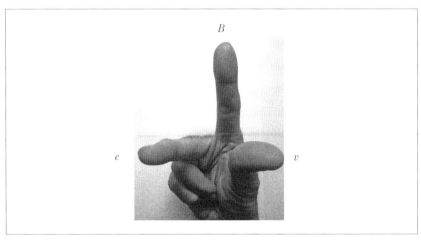

〔図 1-3〕フレミングの右手の法則

DCモータのトルク：$T = pMI_f I_a = K_t I_a$ ……………（1-3）

DCモータの逆起電力：$E_0 = pMI_f \omega_m = K_e \omega_m$ ………（1-4）

ここで、pM を**直流機定数**ということもあるが、界磁電流 I_f による電磁石ではなく永久磁石を用いる場合 pMI_f を**トルク定数** K_t とする場合が多い。また、式（1-4）の場合、トルク定数と同様に、pMI_f を**誘導起電力定数** K_e とする場合が多いが、以上の説明から、K_t と K_e は同じ値であることが分かる。

さて、図1-1 の巻線数は L_1、L_2、L_3 と3個であるが、このように巻線数が少ない場合、界磁のNとSによる磁界と巻線 L_1 の電流から、iBl 則で回転力が発生することを理解することは難しい。これは当然である。思い出してみよう。iBl 則の説明では、空気中にコイルがあり鉄心には巻かれていない。しかし、通常モータは鉄心をくりぬいた**スロット**という部分に巻線をおさめている。図1-4のように、電機子巻線数が多い場合、巻線が一様に巻かれていると考えて、巻線の巻かれたスロットと鉄心の磁束密度の平均値を用いて、そのトルクが導出されることは良く知られている。注意してほしいのは、巻線のおさめられたスロット内の磁束密度と巻線の電流の積からはトルクが出せないということである。こ

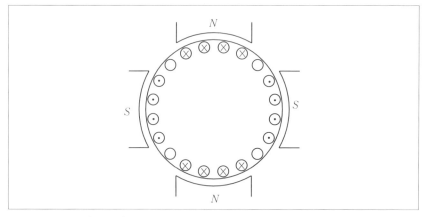

〔図1-4〕電機子巻線が一様に巻かれた DC モータ

れについては、電車などのように強力な力が巻線のみに働くとしたら、その巻線はスロット内で片方に押しつぶされていなければならないが、そのような事実はないことからも分かる。実際は鉄心に力（鉄心トルクということもある）が働く。これについては文献[1-5]を参照されたい。

❖コーヒーブレイク：クリップでできる DC モータ

　ここで、ちょっと頭を休める意味で、自分でも作れる簡単な DC モータを紹介しよう。用意するものは、N 極と S 極が両側にある磁石 2 個、少し太いエナメル線 5 cm 程度、クリップ 2 個、細いエナメル線 50 cm 程度、消しゴム 1 個、ストローと乾電池 1 個であり、その他として紙やすり、接着剤、セロハンテープも準備する。太いエナメル線の片側は全部、逆側は周方向の半分を磨く。そのエナメル線をおでんの串のように、磁石を両側から挟み接着剤で固定する。クリップの片側をまっすぐにして、消しゴムの上に立てる。細いエナメル線を磁石と同じ程度の径で複数回巻いたコイルを作り、消しゴムにセロハンテープで固定する。コイルのエナメル線の両端を磨き、その片側をクリップの足に巻きつけ、もう片側を電池と接続する。また、コイルが巻きついていない方のクリップと電池をエナメル線で接続する。完成図が図 1-5 である。この状態で、指で磁石を回転させると磁石が回り続ける一種の DC モータとなる。

　この装置において、エナメル線を半分はがしていることが重要で、エナメル線とクリップの電気的接続によって、磁石が 1 回転する間に電流が流れたり流れなくなることでブラシと整流子の役目を果たしている。例えば、図のような磁石位置の場合、電流が流れるとある方向にフレミングの左手の法則に従って力を発生し、半回転したとき同じ電流が流れていると逆方向の力となってしまうので回り続けることができない。このとき、エナメル線の電流を切れば惰性で回り、さらに半回転したときフレミングの左手の法則に従って力を発生する。これを繰り返すことによって、磁石は回り続ける。ここで、磁石がどちらかのクリップに寄ってしまう場合、クリップと磁石の間に 1 cm 程度のストローの切れ端を入れて、磁石が巻いたコイル上で回転するようにする必要がある。

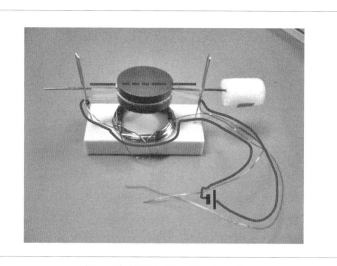

〔図1-5〕簡単なDCモータの例

1-2 電気-機械エネルギー変換

次に定常状態における DC モータの電気 - 機械エネルギー変換について説明する。図 1-6 (a) に示すように、DC 発電機が外部トルク T_L [N·m] により、ω_m [rad/s] で回転して電池 V [V] を充電している場合を考える。R_a：電機子巻線抵抗とし、定常状態を扱うため電機子のインダクタンスは無視する。機械入力は次式となる。

$$P_m = \omega_m T_L$$

これは、力 f と力方向の距離 l の積がエネルギーであるので、1 秒間では

$$P_m = fv = fr\omega_m = \omega_m T_L$$

のように、トルクと回転角速度の積で表されることが分かる。発電機として動作した場合、起電力は式 (1-4) で表される。この電圧によって、電機子電流が図 1-6 (a) のように流れる場合、その電圧方程式は

$$E_0 = R_a I_a + V \quad \cdots\cdots\cdots\cdots\cdots\cdots\cdots\cdots\cdots\cdots\cdots\cdots\cdots \quad (1\text{-}5)$$

で表される。I_a を流し続けるためには T と等しく反対方向の T_L を外部から加える必要がある。入力でいうと、$\omega_m T_L = \omega_m T$ が必要である。単位時間のエネルギーで考えてみよう。式 (1-5) の両辺に I_a を乗じると

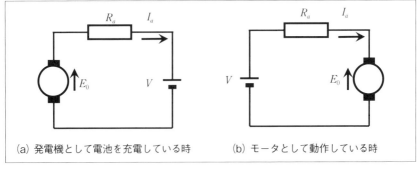

(a) 発電機として電池を充電している時　　(b) モータとして動作している時

〔図 1-6〕電機子巻線が一様に巻かれた DC モータ

$$E_0 I_a = R_a I_a^2 + V I_a \quad \cdots\cdots\cdots\cdots\cdots\cdots\cdots\cdots\cdots\cdots\cdots \quad (1\text{-}6)$$

ここで左辺は、$K = K_e = K_t$ とすると

$$E_0 I_a = K \omega_m I_a = \omega_m K I_a = \omega_m T_L$$

と機械入力となる。式 (1-6) の右辺は銅損 $R_a I_a^2$ と電気出力 $V I_a$ の和であるので、機械入力が電気出力と銅損の和になっていることが分かる。

次に、図 1-6 (b) に示すように、DC モータが電源 V [V] から電流 I [A] を流し、トルク T [N·m] を発生して ω_m [rad/s] で回転している場合を考える。定常状態を扱うため電機子のインダクタンスは無視している。式 (1-3) で表されるトルクにより回転した場合、式 (1-4) で表される起電力が発生する。その結果、回路方程式は

$$V = E_0 + R_a I_a \quad \cdots\cdots\cdots\cdots\cdots\cdots\cdots\cdots\cdots\cdots\cdots \quad (1\text{-}7)$$

で表される。I_a を流し続けるためには E_0 より高く反対方向の電圧を外部から加える必要がある。単位時間のエネルギーで考えてみよう。式 (1-7) の両辺に I_a を乗じると

$$V I_a = R_a I_a^2 + E_0 I_a \quad \cdots\cdots\cdots\cdots\cdots\cdots\cdots\cdots\cdots\cdots\cdots \quad (1\text{-}8)$$

ここで右辺第 2 項は

$$E_0 I_a = K \omega_m I_a = \omega_m K I_a = \omega_m T$$

と機械出力となる。式 (1-8) の右辺第一項は銅損 $R_a I_a^2$、左辺は電気入力であるので、電気入力が機械出力と銅損の和になっていることが分かる。このように、DC モータは同時に DC 発電機として動作していることが分かる。そして、発電機動作とモータ動作の違いは、図 1-6 に示されるように、電機子電流の向きの違いだけであるということが分かる。

1-3 DCモータの回路方程式

速度（あるいは位置）制御を行う場合、ω_m や電流は時間とともに変化するので、運動方程式、回路のインダクタンスも考慮した図1-7で考える必要がある。

トルク　　　　$T = K_t i_a$ ……………………………… (1-3)

起電力　　　　$e_0 = K_e \omega_m$ ……………………………… (1-4)

回路方程式　　$v = e_0 + R_a i_a + L_a \dfrac{di_a}{dt}$ ……………… (1-9)

運動方程式　　$J_m \dfrac{d\omega_m}{dt} + R_\omega \omega_m + T_L = T$ ………… (1-10)

ここで、L_a：電機子インダクタンス、R_ω：粘性摩擦係数であり、v, e_0, i_a は時間の変数であるので、小文字で記載してある。まず、定常状態における速度調整について説明する。定常状態では、時間の微分は0となるので、回路は図1-6 (b) で表すことができる。粘性摩擦係数を無視したとき、定常状態では負荷トルク＝発生トルクである。電機子電流と回転角速度を電機子電圧と負荷トルクで表すと

$$I_a = \dfrac{T_L}{K_t} \quad \cdots\cdots\cdots\cdots\cdots\cdots\cdots\cdots\cdots\cdots\cdots\cdots\cdots\cdots (1\text{-}11)$$

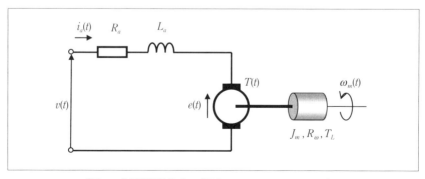

〔図1-7〕過渡現象まで扱えるDCモータのモデル

$$\omega_m = \frac{V}{K_e} - \frac{R_a}{K_e K_t} T_L \quad \cdots\cdots\cdots\cdots\cdots\cdots\cdots\cdots\cdots\cdots\cdots\cdots (1\text{-}12)$$

式 (1-12) より、負荷トルクが与えられたとき回転角速度を変えるには

　V を変える

　K_e あるいは K_t、従って I_f を変える

　R_a を変える

3つの方法が考えられるが、それぞれの場合について ω_m を図示すると、図1-8のようになる。V を変える方法は、角速度 ω_m の切片のみが変化し容易に速度調整可能であることが分かる。I_f を変える方法は、界磁として永久磁石を用いる場合には適用できない。しかし、I_f を小さくして界磁を弱めると速度を上昇させることが出来るということは興味深いことである。R_a を変える方法は、直列抵抗をつけるため効率が悪くなることや、図1-8 (c) に示したように、トルクの小さい範囲では調整が難しいことが分かる。従って、DCモータの速度制御は電機子電圧を変えることによって行うことが多い。

【問 1-1】

DCモータの速度調整方法の電機子電圧 V を変える方法について、V を0.5倍、2倍にした場合の回転角速度－トルクのグラフを描け。また、

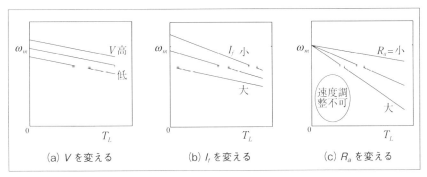

〔図1-8〕DCモータの速度調整方法

界磁電流 I_f を変える方法について、I_f を 0.5 倍、2 倍にした場合の回転角速度－トルクのグラフを描け。

【解】

式（1-12）より、電機子電圧を変えたときの速度 ω_m は負荷トルク $T_L=0$ のときの切片のみが変化するので、図 1-9 のようになる。
式（1-3）あるいは式（1-4）より、K_e と K_t は界磁電流 I_f に比例するので、式（1-12）より、界磁電流が 2 倍になると速度 ω_m は負荷トルク $T_L=0$ のときの切片が 1/2 になり、$\omega_m=0$ のときの T_L は 2 倍になるので、図 1-10 のようになる。

【問 1-2】

電機子抵抗 $R_a=2.0\ \Omega$、誘導起電力定数 $K_e=0.2\ \mathrm{Vs/rad}$、トルク定数 $K_t=0.2\ \mathrm{N\cdot m/A}$、の定数を持つ DC モータについて、回転角速度 $\omega_m=0$ から 30 rad/s までは電機子電圧 V を変える方法で制御する。$\omega_m=30$ rad/s から 60 rad/s までは $V=12\mathrm{V}$ として界磁電流 I_f を変える方法で K_e、K_t を上記の値より小さくしながら制御するとした場合、全領域で $I_a=3\mathrm{A}$ としたとき、ω_m を横軸にしてトルクと出力のグラフを描け。

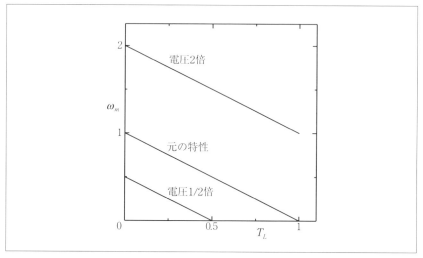

〔図 1-9〕電機子電圧を変えたときの速度－トルク特性

【解】

$\omega_m < 30$ rad/s のとき、トルク、電機子電圧と出力は

$$T = K_t I_a = 0.2 \times 3 = 0.6$$
$$V = R_a I_a + K_e \omega_m = 2 \times 3 + 0.2 \omega_m = 6 + 0.2 \omega_m$$
$$P_o = T \omega_m = 0.6 \omega_m$$

となるので、図 1-11 および図 1-12 のように直線で表される。$\omega_m = 30$ rad/s のとき、$V = 12$ V、$P_o = 18$ W となる。

30 rad/s $< \omega_m <$ 60 rad/s のとき

式 (1-4) と式 (1-7) より、

$$K_e = \frac{V - R_a I_a}{\omega_m} \text{、}$$

これを式 (1-3) に代入して

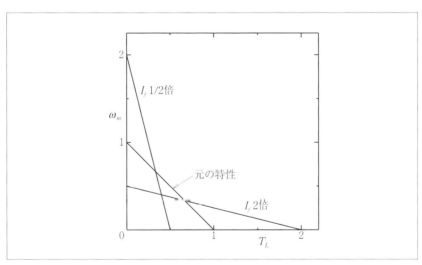

〔図 1-10〕界磁電流を変えたときの速度ートルク特性

$$T = K_e I_a = \frac{(V - R_a I_a)I_a}{\omega_m} = \frac{(12 - 2 \times 3) \times 3}{\omega_m} = \frac{18}{\omega_m}$$

$$P_0 = T\omega_m = (V - R_a I_a)I_a = 18$$

となるので、図 1-11 および図 1-12 のように、出力は一定、トルクは ω_m に反比例で表される。

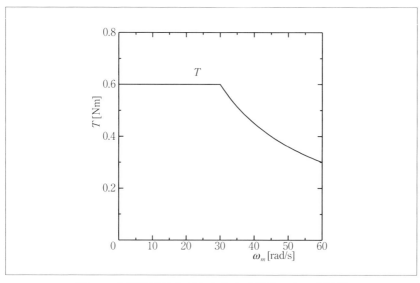

〔図 1-11〕界磁電流を変えたときの速度ートルク特性

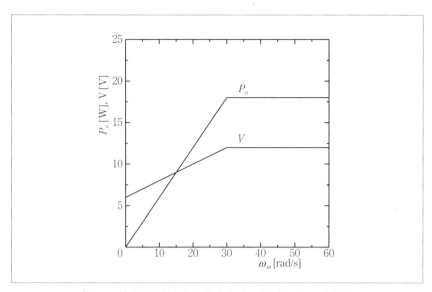

〔図 1-12〕界磁電流を変えたときの速度ートルク特性

1-4　DCモータの駆動回路

　DCモータの速度を制御するには電機子電圧を制御することが有効であると述べた。ここでは、電機子電圧を制御する方法を述べる。図1-13は直流電圧を半導体素子Qで ON/OFF してDCモータの電機子電圧を調整する回路である。半導体素子は自己消弧形のスイッチング素子で、MOSFET（MOS型電界効果トランジスタ）、IGBT（絶縁ゲートバイポーラトランジスタ）、GTO（ゲートターンオフサイリスタ）、SiC（シリコンカーバイド）パワーデバイスなどがある。図1-14では、バイポーラトランジスタで表わしているが、小型モータではMOSFETが使用されることが多い。ここでは、半導体素子やダイオードのON時の電圧降下を無視して、その動作について説明する。

　図1-13 (a) では、スイッチQがONのときDCモータの電機子電圧はEであり、その後QをOFFすると電機子電流はDCモータの電機子インダクタンスのためにすぐにはOFFにならず、ダイオードを通って流れる。そのため電機子電圧VはダイオードのON時の電圧（ここでは0Vと仮定する）になる。ONとOFFの1周期に対するONの期間、通流率をαとすると、DCモータの電圧は

$$V = \alpha E \quad\quad\quad\quad\quad\quad\quad\quad\quad\quad\quad\quad\quad\quad (1\text{-}13)$$

と表すことができ、通流率αは$1 > \alpha > 0$であるので、$E > V > 0$で制御することが出来る。回路の出力電圧が入力電圧より低いので、**降圧型チョッパ**として動作する。電機子電圧の平均値Vと電機子電流の平均値I_aはいずれも正であり、モータとして一方向に回転する。

　図1-13 (b) では、半導体スイッチQ_1とダイオードD_2が図1-13 (a) と同じ動作をする。次に、DCモータがある速度で回転して起電力Vを発生している場合を考えよう。このとき、Q_2をONすると電機子電流はQ_2で短絡されて図のI_aとは逆方向に流れる。つまり、DCモータではなく発電機として動作する。そしてQ_2をOFFすると、電機子インダクタンスのために電流はすぐにはOFFにならず、ダイオードD_1を通って電源に流れていく。この場合は**昇圧型チョッパ**として動作し、モータの運

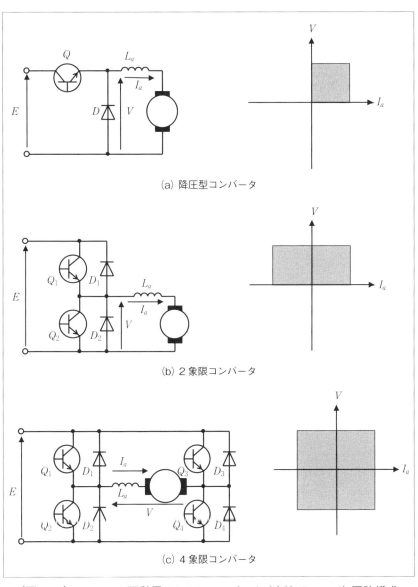

〔図 1-13〕DC モータ駆動用 DC/DC コンバータ（直流チョッパ）回路構成

動エネルギーを電気エネルギーに回生しながらブレーキを掛ける動作を行う。従って、電機子電圧 V は正であるが、電機子電流 I_a は正と負の両方が存在し、2象限コンバータとして動作する。電機子電流 I_a が正のときモータとして、負のときブレーキとして動作する。

図 1-13 (c) は、2象限コンバータを DC モータの左右に2つ用いたものである。半導体スイッチ Q_1、Q_2、ダイオード D_1、D_2 で、ある回転方向の2象限コンバータとして動作する。残りの半導体スイッチ Q_3、Q_4、ダイオード D_3、D_4 で逆方向の回転をする2象限コンバータとして動作する。結局、この回路の動作は4象限に渡り、4象限コンバータあるいはブリッジコンバータとも呼ばれ、正回転と逆回転の力行、回生制動を行うことは出来る汎用の回路方式である。

1-5　DCモータのMATLABモデル

　制御で用いられるMATLAB/Simulinkモデルは、式(1-3)、(1-4)、(1-9)、(1-10)をブロック線図で表せばよい。その結果は図1-14となる。これを求めるには、例えば式(1-9)の場合、微分演算子 $\dfrac{d}{dt}$ をラプラス演算子 s で置き換え、諸量をラプラス変換した大文字で表すと

$$R_a I_a + sL_a I_a = V - E_0$$

$$\therefore\ I_a = \dfrac{1}{R_a + sL_a}(V - E_0) \quad \cdots\cdots\cdots\cdots\cdots\cdots\cdots\cdots\cdots\cdots (1\text{-}14)$$

としてブロック図を描けばよい。運動方程式(1-10)も同様にしてブロック図に変換することにより、図1-14を求めることが出来る。

　DCモータのMATLABモデルを用いて、DCモータの簡単な動作について説明しよう。DCモータを拘束(動かないように固定)して一定電圧を印加した場合を考える。回転していないので、起電力 E_0 は0であるので

$$I_a = \dfrac{1}{R_a + sL_a} V = \dfrac{V}{R_a} \dfrac{1}{1 + s\dfrac{L_a}{R_a}}$$

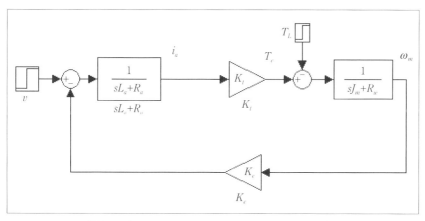

〔図1-14〕DCモータのMATLAB/Simulinkモデル

これを逆ラプラス変換すればよい。

$$i_a = \frac{V}{R_a} L^{-1}\left(\frac{1}{1+sL_a/R_a}\right) = \frac{V}{R_a}\left(1 - e^{-t/T_E}\right) \quad \cdots\cdots (1\text{-}15)$$

$$T_E = \frac{L_a}{R_a} \quad \cdots\cdots\cdots\cdots\cdots\cdots\cdots\cdots\cdots\cdots\cdots\cdots (1\text{-}16)$$

電機子電流 i_a の応答は一次遅れの波形を示す。その最終値 V/R_a の63%に達する時間が T_E であり、**電気時定数**と呼ぶ。

次に、負荷トルク $T_L=0$ として一定電圧を印加したときの速度の応答を求めてみよう。図1-14のブロック図より、

$$\omega_m = \frac{K_t}{(sL_a + R_a)(sJ_m + R_\omega) + K_e K_t} V$$

ここで、$R_\omega=0$ で、上記の電流の応答がこれから求める速度の応答に比べ十分速いとして L_a を無視すると

$$\omega_m = \frac{V}{K_e} \frac{1}{1+s\dfrac{R_a J_m}{K_e K_t}}$$

これを逆ラプラス変換すると

$$\omega_m = \frac{V}{K_e} L^{-1}\left(\frac{1}{1+s\dfrac{R_a J_m}{K_e K_t}}\right) = \frac{V}{K_e}\left(1 - e^{-t/T_M}\right) \quad \cdots\cdots (1\text{-}17)$$

$$T_M = \frac{R_a J_m}{K_e K_t} \quad \cdots\cdots\cdots\cdots\cdots\cdots\cdots\cdots\cdots\cdots (1\text{-}18)$$

回転角速度 ω_m の応答を図1-15に示す。ω_m の応答も一次遅れの波形を示し、その最終値 V/K_e の63%に達する時間が T_M であり、**機械時定数**と呼ぶ。なお、この時定数の値は、図示したように、時刻=0における

応答波形の傾きを描いたとき最終値と一致する時刻でもある。

図からわかるように、機械時定数が電気時定数より大きい場合、定格電圧を印加したとき最初に大きな電機子電流 V/R_a が流れるので、駆動用半導体素子の定格電流に注意をする必要がある。なお、高性能なサーボモータでは、慣性モーメントが小さいので機械時定数が電気時定数と同程度のものもある。その場合は電機子インダクタンス L_a を無視しないで2次系で考えなければならない。

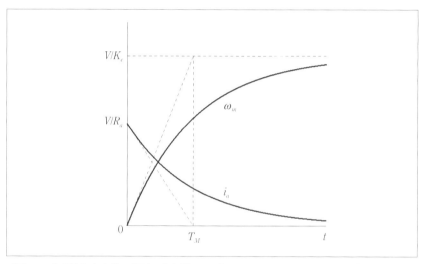

〔図 1-15〕機械時定数が電気時定数より大きい DC モータの電圧印加時の応答

1－6　DC モータの Spice モデル

　パーソナルコンピュータ PC の普及とともに、電気電子回路も専用シミュレータによるシミュレーションが容易に行われるようになっており、アナログ回路開発ツールとして、SPICE (LTSpice など) が流通している。SPICE は 1972 年米国カリフォルニア大学バークレイ校 (UCB) で IC の設計検証の目的で開発されたシミュレータであり、Simulation Program with Integrated Circuit Emphasis の頭文字をとったものである。SPICE はアナログ／デジタル混在のシミュレーションが可能であり、DC 解析、AC 解析、過渡解析の 3 種類の解析が行える。LTSpice はフリーの SPICE であり、ノード数および部品数は無制限である。しかし、Spice は回路シミュレータであるので、一般には DC モータと運動方程式を取り扱うことは出来ない。そこで、本節で Spice における DC モータと運動方程式の取り扱い方法を説明する。

　回路は基本的に電圧と電流の関係である。そこで、図 1-14 に示す DC モータの MATLAB/Simulink モデルにおいて、電機子電圧 V と電機子電流 I_a の関係を求める。負荷トルク $T_L=0$ として、V と I_a の関係は次式となる。

$$I_{a\_V} = \frac{1}{sL_a + R_a + \dfrac{K_e K_t}{sJ_m + R_\omega}} V$$

同様に、電機子電圧 $V=0$ として、負荷トルク T_L と電機子電流 I_a の関係は次式となる。

$$I_{a\_T_L} = \frac{\dfrac{K_e K_t}{sJ_m + R_\omega}}{sL_a + R_a + \dfrac{K_e K_t}{sJ_m + R_\omega}} \frac{T_L}{K_t}$$

従って、電機子電流 I_a は次式となる。

$$I_a = \frac{1}{sL_a + R_a + \frac{K_e K_t}{sJ_m + R_\omega}} V + \frac{\frac{K_e K_t}{sJ_m + R_\omega}}{sL_a + R_a + \frac{K_e K_t}{sJ_m + R_\omega}} \frac{T_L}{K_t} \quad (1\text{-}19)$$

さて、図 1-16 で示される回路の電流を求めてみよう。微分演算子をラプラス演算子で置き換えたときの回路方程式は

$$V = (R_a + sL_a)I_a + Z(I_a - I_0) = (R_a + sL_a + Z)I_a - ZI_0$$
$$\therefore I_a = \frac{1}{sL_a + R_a + Z} V + \frac{Z}{sL_a + R_a + Z} I_0 \quad (1\text{-}20)$$

式 (1-19) と (1-20) を比較すると

$$I_0 = \frac{T_L}{K_t} \quad \dotfill \quad (1\text{-}21)$$

$$\frac{1}{Z} = \frac{sJ_m}{K_e K_t} + \frac{R_\omega}{K_e K_t} \quad \dotfill \quad (1\text{-}22)$$

上式より、Z はキャパシタ $\frac{J_m}{K_e K_t}$ と抵抗 $\frac{K_e K_t}{R_\omega}$ の並列として表されているので、運動方程式を考慮した DC モータの Spice モデルは図 1-17 のように表すことが出来る。このモデルを回路シミュレータの Spice に組み

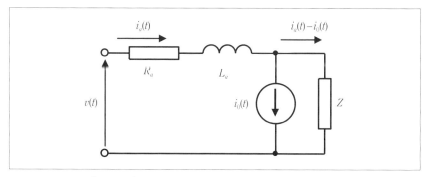

〔図 1-16〕Spice での使用を検討するための回路

込むことによって、SpiceでDCモータとその運動方程式を取り扱うことが出来る。なお、キャパシタ $\frac{J_m}{K_e K_t}$ の電圧を K_e で割れば回転角速度 ω_m を求めることが出来る。

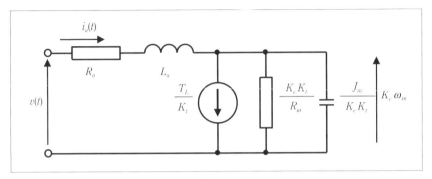

〔図1-17〕運動方程式を考慮したDCモータのSpiceモデル

1－7　鉄損を考慮した DC モータ

　モータは電磁現象を利用して、電力を動力に変換する装置である。電磁現象に伴って損失が生じる。それには、次のようなものがある。

- **銅損**：巻線に電流を流すため、巻線の電気抵抗によって電力が熱に変わる損失である。巻線はほとんどの場合銅であるので銅損と呼ぶが、アルミを使った巻線の場合も銅損という。
- **鉄損**：モータではギャップ（回転する側と回転しない側の間の狭い空気領域）を除いた磁路に比透磁率の大きいコア（鉄心）を用いる。これによって、小さい電流で強い磁界を作ることが出来るが、鉄心内で磁界が変化すると、鉄損が発生するという欠点が生じる。鉄損は渦電流損とヒステリシス損に分けられる。
- **渦電流損**：鉄心内に誘起される誘導起電力は磁束密度の大きさと周波数に比例する。渦電流損はこの誘導起電力によって発生する誘導電流によって生じる鉄心内の銅損である。従って、

$$P_e \propto f^2 B^2 V_c \quad \cdots\cdots\cdots\cdots\cdots\cdots\cdots\cdots\cdots\cdots\cdots\cdots (1\text{-}23)$$

と表せる。ただし、f：磁界の変化の周波数、B：鉄心の磁束密度の最大値、V_c：渦電流が流れる鉄心の体積である。

- **ヒステリシス損**：一般に鉄心の磁気特性はヒステリシスを持っている。磁気エネルギーは

$$W = \int H dB$$

であるので、磁界が 1 サイクルすると磁気ヒステリシスの面積に比例したエネルギーを供給しなければならない。その結果生じる損失がヒステリシス損である。ヒステリシスを持つ磁化特性をその大きさに関して相似と仮定すると次式で表される。

$$P_h \propto f B^2 V_c \quad \cdots\cdots\cdots\cdots\cdots\cdots\cdots\cdots\cdots\cdots\cdots\cdots (1\text{-}24)$$

実際の鉄心の磁気特性は飽和するので相似ではなく、交番磁界の実験式としてスタインメッツの次式が知られている。

$$P_h \propto fB^{1.6}V_c \quad \cdots\cdots\cdots\cdots\cdots\cdots\cdots\cdots\cdots\cdots\cdots\cdots\cdots\cdots\cdots\cdots\cdots\cdots\cdots \quad (1\text{-}25)$$

鉄損を考慮した DC モータの特性を検討するために、本書では速度起電力に並列に鉄損抵抗 R_c を挿入する。並列接続であるため、R_c で生じる損失はモータの回転速度、つまり電機子鉄心における磁界の変化の 2 乗に比例する。式 (1-24) あるいは式 (1-25) で表されるように、ヒステリシス損は磁界の変化に比例するので、ヒステリシス損を考慮していない。しかし、鉄損抵抗を 2 つに分けて並列として扱い

$$\frac{1}{R_c} = \frac{1}{R_e} + \frac{1}{fR_{h0}(B)} \quad \cdots\cdots\cdots\cdots\cdots\cdots\cdots\cdots\cdots\cdots\cdots\cdots \quad (1\text{-}26)$$

ここで、R_e は渦電流損抵抗を表し、ヒステリシス損抵抗は $fR_{h0}(B)$ のように回転数に応じて R_c を可変にすることで、等価的にヒステリシス損を考慮することが可能となる。

　上記のモータ自身の損失以外に、モータと負荷を含めた機械的原因によって発生する機械損や駆動回路である電子回路で発生する損失がある。**機械損**には、モータの回転速度に無関係な制動力に起因する摩擦損 (friction loss)、モータの速度に比例する制動力に起因する粘性損 (viscosity loss)、および空気などを攪拌するときに発生する速度の 2 乗にほぼ比例する風損 (windage loss) がある。本書では、これらの損失は考慮せず、モータの銅損と鉄損を考慮したときの損失および効率について取り扱う。

　このような鉄損抵抗 R_c を導入した場合の MATLAB モデルは、1-3 節で示した次式

トルク　　　　$T = K_t i_a$ $\quad \cdots\cdots\cdots\cdots\cdots\cdots\cdots\cdots\cdots\cdots\cdots\cdots \quad$ (1-3)

起電力　　　　$e_0 = K_e \omega_m$ $\quad \cdots\cdots\cdots\cdots\cdots\cdots\cdots\cdots\cdots\cdots\cdots \quad$ (1-4)

回路方程式　　$v = e_0 + R_a i_a + L_a \dfrac{di_a}{dt}$ $\quad \cdots\cdots\cdots\cdots\cdots \quad$ (1-9)

の内、トルクの式 (1-3) を次のように変えればよい。

トルク　$T = K_t(i_a - i_c)$ ……………………………………… (1-27)

$$i_c = \frac{K_e \omega_m}{R_c}$$ ……………………………………… (1-28)

回路で考えると、起電力 $e_0 = K_e \omega_m$ に並列に R_c を挿入した図 1-18 が鉄損抵抗を考慮した DC モータのモデルとなる。これらの式より、MATLAB モデルは図 1-14 のモデルに $1/R_c$ のブロックを追加した図 1-19 で表すことが出来る。このモデルを用いることで、鉄損を考慮したブラシ付 DC モータの過渡現象解析や速度制御に用いることが出来る。

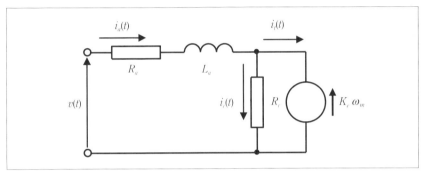

〔図 1-18〕鉄損抵抗 R_c を考慮した DC モータモデル

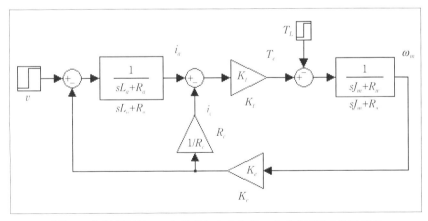

〔図 1-19〕鉄損抵抗 R_c を考慮した DC モータの MATLAB モデル

ここで一例として、DCモータの定数を電機子抵抗 $R_a = 2.0$ Ω、電機子インダクタンス $L_a = 20$ mH、誘導起電力定数 $K_e = 0.2$ Vs/rad、トルク定数 $K_t = 0.2$ N·m/A、慣性モーメント $J_m = 0.001$ kgm^2、回転制動係数 $R_\omega = 0.0$ N·ms/rad、鉄損抵抗 $R_c = 30$ Ω とし、入力として電機子電圧指令値 $V = 12$ V を 0.01 秒後、負荷トルク $T_L = 0.25$ N·m を 0.5 秒後に入れた時の応答を図 1-20 に示す。電機子インダクタンス L_a が無視できるときの電機子電流 i_a の応答は、図 1-15 に示したように $V/R_a = 6$ A の電流が流れるが、L_a が無視できない場合は 4.6 A までしか大きくならない。そのため回転速度の立ち上がりも最初のわずかな時間遅れている。0.5 秒後に負荷トルク $T_L = 0.25$ N·m が印加されると、電機子電流は大きくなり、入力出力が増加し、速度が遅くなる。効率は 0.6 程度に落ちついている。図 1-20 には、（入力−出力−銅損−鉄損）とその積分も示してある。（入力−出力−銅損−鉄損）はプラスそしてマイナスになっている。過渡状態では、入力 =（出力 + 銅損 + 鉄損）とならないことが分かる。過渡状態が終了したとみなせる 1 秒後の定常状態では、（入力−出力−銅損−鉄損）は 6×10^{-7} W で 0 とみなすことができる。次に、（入力−出力−銅損−鉄損）の積分値について考えてみよう。1 秒後の定常状態での値は 2.39×10^{-2} J である。ここで、次式を計算すると

$$0.5 L_a I_a^2 = 2.39 \times 10^{-2}$$

となり、一致することが分かる。ここで、$0.5 L_a I_a^2$ は電機子インダクタンス L_a に蓄えられる磁気エネルギーであることを考えると、定常状態においては、（入力−出力−銅損−鉄損）の積分値はインダクタンスに蓄えられた磁気エネルギーと一致することが確認された。

従って、（入力−出力−銅損−鉄損）は定常状態では 0 となるが、（入力−出力−銅損−鉄損）の積分値は、回路やモータに蓄えられた磁気エネルギーとなることが分かる。

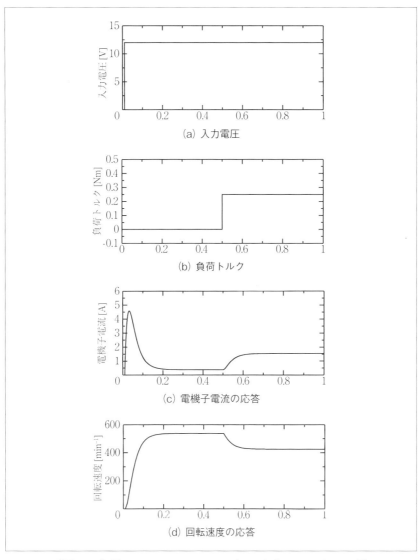

〔図 1-20〕図 1-12 の MATLAB モデルのシミュレーション例

1章 DCモータ

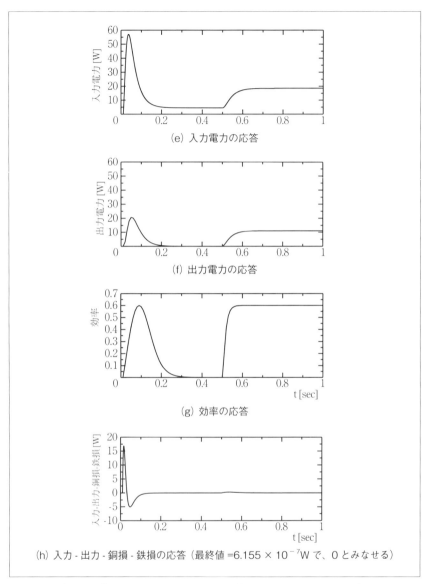

〔図1-20〕図1-12のMATLABモデルのシミュレーション例

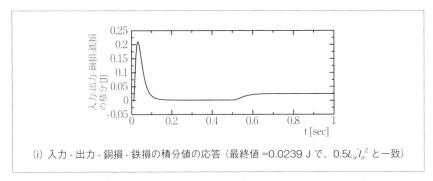

(i) 入力 - 出力 - 銅損 - 鉄損の積分値の応答（最終値 =0.0239 J で、$0.5L_a I_a^2$ と一致）

〔図 1-20〕図 1-12 の MATLAB モデルのシミュレーション例

1-8 鉄損を考慮したDCモータの定常時の高効率運転

本書では、銅損のみでなく鉄損も考慮した運転について説明する。負荷の特性は、回転速度とトルクの2次元領域で要求されると考えられるので、回転速度とトルクの2次元領域における効率などのマップを用いることにする。

鉄損を考慮した場合のDCモータの基本式、式 (1-4)、(1-27)、(1-28) と定常状態なので式 (1-9) の微分項を無視した式より、トルク T と回転角速度 ω_m を独立変数として電機子電圧 $V_a(\omega_m, T)$、電機子電流 $I_a(\omega_m, T)$、効率 $\eta(\omega_m, T)$ を求めると

$$V_a = \left(\frac{R_a}{R_c}+1\right)K_e\omega_m + \frac{R_a}{K_t}T \quad \cdots\cdots (1\text{-}29)$$

$$I_a = \frac{K_e}{R_c}\omega_m + \frac{1}{K_t}T \quad \cdots\cdots (1\text{-}30)$$

$$P_o = \omega_m T \quad \cdots\cdots (1\text{-}31)$$

式 (1-29) と式 (1-30) の積を入力電力として用いると

$$\eta = \frac{\omega_m T}{\left\{\left(\dfrac{R_a}{R_c}+1\right)K_e\omega_m + \dfrac{R_a}{K_t}T\right\}\left\{\dfrac{K_e}{R_c}\omega_m + \dfrac{1}{K_t}T\right\}} \quad \cdots\cdots (1\text{-}32)$$

となる。

一例として、$R_a=2.0$ Ω、$R_c=30.0$ Ω、$K_e(=K_t)=0.2$ Vs/rad のDCモータについて、トルク T と回転角速度 ω_m を独立変数として電機子電圧 $V_a(\omega_m, T)$、電機子電流 $I_a(\omega_m, T)$、出力 $P_o(\omega_m, T)$、効率 $\eta(\omega_m, T)$ のマップを描くと図1-21のようになる。なお、図では電機子電圧の上限を20Vとして、それ以上の電圧値となった場合は表示していない。

DCモータの定数が与えられた場合、このようなMapを一度描いておけば、負荷として必要なトルクと回転速度に対応する諸量が容易に分かる。例えば、電機子電圧が12Vのとき、負荷を変えた場合の電機子電

流は図 1-21 (b) の $V_a = 12$ V の線における色から分かる。同様に出力は図 1-21 (c)、効率は図 1-21 (d) の $V_a = 12$ V の線における色から容易に分

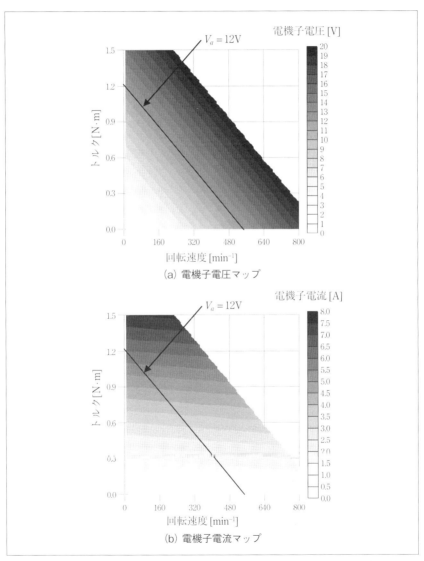

〔図 1-21〕鉄損抵抗 R_c を考慮した DC モータの諸特性のマップ例

❖ 1章　DCモータ

かる．なお、電機子電圧 $V_a(\omega_m, T)$、電機子電流 $I_a(\omega_m, T)$、出力 $P_o(\omega_m, T)$ についてはこのような Map を描かなくても式 (1-29) から式 (1-31) より

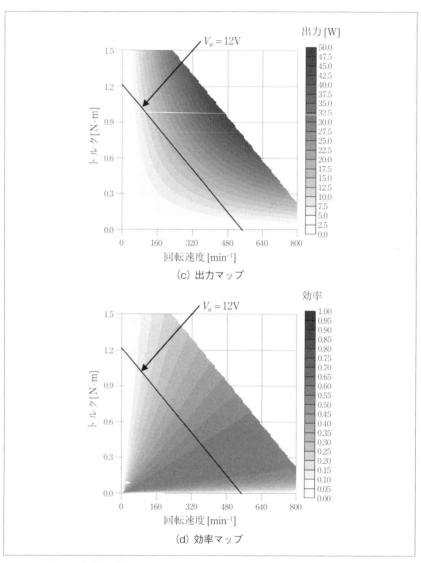

〔図 1-21〕鉄損抵抗 R_c を考慮した DC モータの諸特性のマップ例

求めることも出来る。

また、図 1-21 (d) より、効率が最大となる ω_m と T が簡単な式で求まりそうである。そこで、式 (1-32) の最大値を求めるために $\partial \eta / \partial \omega_m = 0$ を計算すると

$$T = \frac{K_t K_e}{R_c} \sqrt{\frac{R_a + R_c}{R_a}} \omega_m \quad \cdots\cdots\cdots\cdots\cdots\cdots\cdots\cdots\cdots\cdots\cdots (1\text{-}33)$$

が得られ、簡単な一次関数となることが分かる。

【問 1-3】
　式 (1-33) を導出せよ。
【解】
　式 (1-32) を以下のように簡単に表すと

$$\eta = \frac{C \omega_m T}{(T + A\omega_m)(T + B\omega_m)}$$

$\partial \eta / \partial \omega_m$ の分子は

$$\begin{aligned}
\partial \eta / \partial \omega_m \text{の分子} &= CT(T + A\omega_m)(T + B\omega_m) \\
&\quad - C\omega_m T(AT + BT + 2AB\omega_m) \\
&= CT(T^2 - AB\omega_m^2)
\end{aligned}$$

$\partial \eta / \partial \omega_m = 0$ とおくと

$$T = \sqrt{AB}\,\omega_m = \sqrt{\left(\frac{R_a}{R_c} + 1\right) K_e \frac{K_t}{R_u} \times \frac{K_e}{R_t} K_t}\,\omega_m$$

$$\therefore\ T = \frac{K_t K_e}{R_c} \sqrt{\frac{R_a + R_c}{R_a}}\,\omega_m$$

DC モータは電機子電圧のみを変化させて駆動するので、トルク T と回転角速度 ω_m の全領域に渡って最小損失あるいは最大効率で運転することは出来ない。しかし、モータ定数が与えられたとき、最大効率とな

❖1章 DCモータ

るトルク T と回転角速度 ω_m の関係が式（1-33）となることは有益な情報である。

電源電圧、従って電機子電圧が与えられているときの電機子電流、出力、効率は、式（1-29）をこれらの Map 上に描いてその線における色で分かると説明したが、より詳細な数値が必要な場合は、図 1-22 のようなグラフを描けばよい。図では、電機子電圧 V_a が 12 V とその 1.5 倍の

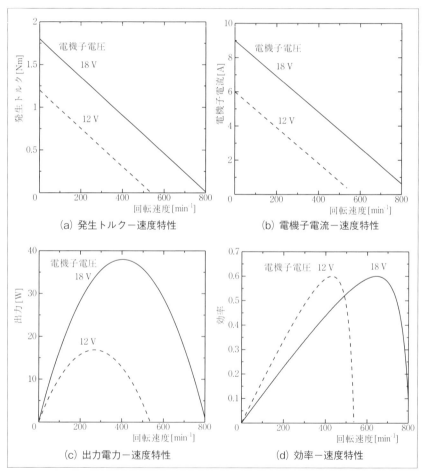

〔図1-22〕鉄損抵抗 R_c を考慮した DC モータの諸特性例

18 V の場合を示している。電機子電圧が 1.5 倍になると、回転速度が 0 のときの電機子電流および起動トルクは 1.5 倍、出力の最大値は $1.5^2=2.25$ 倍、それに対して効率の最大値は変化しないことが分かる。また図 1-22 (b) と (c) より、出力と効率が最大となる点があることが分かる。

そこで、出力および効率が最大となる点について考察しよう。まず、図 1-18 において定常状態における電機子電流について考える。

$$K_e \omega_m = V - R_a I_a$$

となるので

$$I_c = \frac{V - R_a I_a}{R_c}$$

を用いて、出力は

$$P_o = K_e \omega_m (I_a - I_c) = (V - R_a I_a)\left(I_a - \frac{V - R_a I_a}{R_c}\right)$$

$$= \frac{-R_a(R_a + R_c)I_a^2 + (2R_a + R_c)VI_a - V^2}{R_c} \quad \cdots\cdots (1\text{-}34)$$

となるので、出力 P_o が最大となるときの電機子電流 $I_{a(P_o,\max)}$ は、上式の I_a に対する微分を求めることで

$$I_{a(P_o,\max)} = \frac{V}{2(R_a + R_c)} + \frac{V}{2R_a} \quad \cdots\cdots\cdots\cdots\cdots\cdots (1\text{-}35)$$

となる。ここで、

$$\frac{V}{R_a + R_c}$$

は図 1-18 において $I_l=0$ つまり出力=0、無負荷時の電機子電流 $I_{a\,無負荷}$ である。また、

$$\frac{V}{R_a}$$

は $\omega_m=0$ で R_c の両端の電圧が 0 のとき、つまり拘束時あるいはスタート時の電機子電流 $I_{a拘束}$ である。従って、式（1-35）は次のようにも表すことができる [1-4]。

$$I_{a(P_{o,\max})} = \frac{I_{a無負荷} + I_{a拘束}}{2} \quad \cdots\cdots\cdots\cdots\cdots (1\text{-}36)$$

また、出力 P_o が最大となるときの回転角速度 $\omega_{m(P_o,max)}$ は、$K_e\omega_m = V - R_aI_a$ より

$$\omega_{m(P_{o,\max})} = \frac{V}{K_e}\left\{1 - \frac{2R_a + R_c}{2(R_a + R_c)}\right\} \quad \cdots\cdots\cdots\cdots (1\text{-}37)$$

となる。式（1-36）を式（1-34）に代入すると、出力電力の最大値は次式となる。

$$P_{o,\max} = \frac{R_c V^2}{4R_a(R_a + R_c)} \quad \cdots\cdots\cdots\cdots\cdots\cdots (1\text{-}38)$$

次に効率について説明する。式（1-34）の出力を用いると

$$\eta = \frac{(V - R_aI_a)\left(I_a - \dfrac{V - R_aI_a}{R_c}\right)}{VI_a}$$

$$= \frac{1}{V}\left\{-\left(R_a + \frac{R_a^2}{R_c}\right)I_a + \left(1 + \frac{2R_a}{R_c}\right)V - \frac{V^2}{R_cI_a}\right\} \quad \cdots\cdots (1\text{-}39)$$

と表される。$f = Ax + B + C/x$ が最大となる x は $x = \sqrt{C/A}$ であるので

$$I_{a(\eta,\max)} = V\sqrt{\frac{1}{R_a(R_a + R_c)}} \quad \cdots\cdots\cdots\cdots\cdots (1\text{-}40)$$

となる。ここで、先ほどのI_a無負荷とI_a拘束を用いると次式のように表すこともできる [1-6]。

$$I_{a(\eta,\max)} = \sqrt{I_{a無負荷}I_{a拘束}} \quad \cdots\cdots\cdots\cdots\cdots\cdots\cdots\cdots\cdots (1\text{-}41)$$

また、効率が最大となるときの回転角速度$\omega_{m(\eta, \max)}$は、$K_e\omega_m = V - R_a I_a$より

$$\omega_{m(\eta,\max)} = \frac{V}{K_e}\left\{1 - \sqrt{\frac{R_a}{R_a + R_c}}\right\} \quad \cdots\cdots\cdots\cdots\cdots\cdots\cdots (1\text{-}42)$$

となる。式 (1-41) を式 (1-39) に代入すると、効率の最大値は次式となる。

$$\eta_{\max} = \frac{2R_a + R_c - 2\sqrt{R_a(R_a + R_c)}}{R_c} \quad \cdots\cdots\cdots\cdots\cdots (1\text{-}43)$$

ここで、図 1-22 の見方について説明する。モータ特性として横軸を回転速度あるいは回転角速度で表すことがあるが、横軸の回転速度を与えたときの縦軸である諸量を示しているのではないことに注意してほしい。これらの図では、負荷を掛けてその負荷の値が発生トルクと釣り合ったときその交点の回転速度で回転し、諸量が縦軸の値として求められるというように使用する。

また、発生トルクと負荷トルクの特性が図 1-23 のようなとき、発生トルクと負荷トルクがつりあった。P_2点で運転されている場合を考える。運転状態のちょっとしたずれで例えば速度が少し上がったとすると、図より発生トルクは小さくなり、負荷トルクは大きくなる。従って負荷トルクの方が大きいので、回転速度は遅くなりP_2点に戻り、平衡状態を保つ。つまり発生トルクをT_E、負荷トルクをT_L、回転速度をnとした場合

$$\frac{\partial T_L}{\partial n} > \frac{\partial T_E}{\partial n} \quad \cdots\cdots\cdots\cdots\cdots\cdots\cdots\cdots\cdots\cdots\cdots\cdots\cdots (1\text{-}44)$$

のとき、安定に運転できる平衡点である。

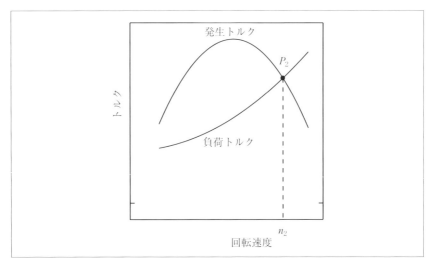

〔図1-23〕運転の平衡点

　負荷を掛けたときの運転状態を知るには、図1-24のようトルクを横軸とした方が分かりやすい。図より、一定電圧で駆動中に負荷トルクを変えたとき、回転速度は図(a)のように下がり、電機子電流は図(b)のように比例して増加し、出力は図(c)のように増加し、効率は図(d)のように増加し、式(1-38)で示した電機子電流にトルク定数K_tを乗じたトルクの値で式(1-42)に示した最大値となり、それ以上のトルクをかけると次第に減少する。

【問1-4】
　最大効率の式(1-42)について、$R_c = 20\ \Omega$のとき、R_aを0.1から4 Ωで変えたときの効率のグラフを示せ。また、$R_a = 2\ \Omega$のとき、R_cを1から150 Ωで変えたときの効率のグラフを示せ。
【解】
　結果を図1-25に示す。

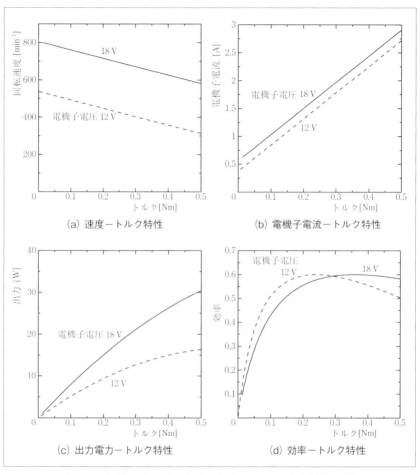

〔図1-24〕鉄損抵抗 R_c を考慮した DC モータの諸特性例

❖ 1章　DCモータ

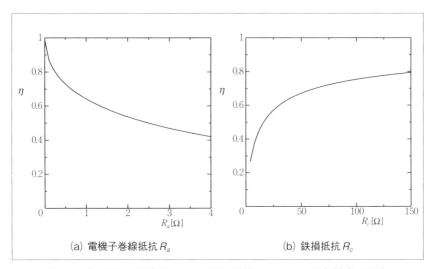

(a) 電機子巻線抵抗 R_a　　　(b) 鉄損抵抗 R_c

〔図1-25〕電機子巻線抵抗 R_a、鉄損抵抗 R_c による最高効率の変化

2章

誘導モータ

誘導モータ（誘導電動機）は固定子に巻線および回転子に巻線あるいは導体を有するモータであり、固定子巻線の作る磁界による回転子導体への電磁誘導現象によってエネルギーを伝達する。入力される交流電源の種類によって、三相誘導電動機と単相誘導電動機に分けられるが、一般には特別な工夫なしで回転磁界を得ることができる三相交流が用いられる。以前は、回転速度の制御が困難という欠点があったが、近年のパワーエレクトロニクスの発展により、インバータを用いることで回転数を制御することが可能となっている。この章では、誘導電動機の基礎からインバータを用いたベクトル制御運転まで分かりやすく説明した後、鉄損を考慮した場合の高効率運転について説明する。

2−1 動作原理

図 2.1 に示すように、磁極の間に軸を中心に回転することのできる 1 巻の長方形のコイルについて、磁極を図に示す方向に ω_1 [rad/s] で回転させることを考える。この場合、磁界が反時計回りに回転しているが、相対的には固定子の磁界が静止し、回転子コイルが時計方向に回転していると考えることができる。フレミングの右手の法則に従って、軸に平行で N 極と S 極に近い部分のコイル辺に誘導起電力が発生する。あるいは、1 巻のコイル内の磁束が変化することによりファラデーの電磁誘導の法則で起電力が発生すると考えてもよい。コイルが図の位置から時計回りに回転した角度を θ とすると、コイル辺の起電力 e_2 は、1 章の DC モータのところでも説明したように vBl 則

$$e = v \times Bl \qquad (2\text{-}1)$$

を用いると次式で表すことができる。

$$e_2 = r\omega_m Bl \cos\theta \qquad (2\text{-}2)$$

両側のコイルを考えると

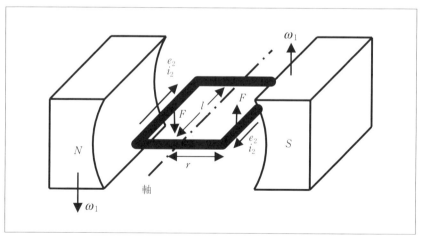

〔図 2-1〕誘導電動機の動作原理

$$e_2 = 2e_2 = 2r\omega_m Bl\cos\theta \quad \cdots\cdots\cdots\cdots\cdots\cdots\cdots\cdots\cdots \quad (2\text{-}3)$$

ファラデーの電磁誘導の法則を用いると、コイルが図のような位置のとき誘導起電力は最大となり次式で求められる。

$$e = N\frac{d\phi}{dt} = N\frac{d(B2rl\sin\theta)}{dt} = 2r\omega_m Bl\cos\theta \quad \cdots\cdots\cdots\cdots \quad (2\text{-}4)$$

当然であるが式(2-3)と同じ結果となる。e は

$$-\frac{\pi}{2} < \theta < \frac{\pi}{2}$$

のとき正、

$$-\pi < \theta < -\frac{\pi}{2}$$

および

$$\frac{\pi}{2} < \theta < \pi$$

のとき負となる。つまり、図2-1においてN極に近いほうのコイル辺の起電力が図示した e_2 の向きになる。

　コイルのインピーダンスを Z とすると、コイルには $i_2 = e/Z$ の電流が流れる。ここで、インダクタンス成分が小さく抵抗成分のみとすると、電流は遅れなしで流れる。この電流と磁界に対する iBl 則によって磁極の回転方向と同じ向きに力 F が発生する。

　この回転力によってコイルは軸を中心に回転し加速する。そして、コイル辺は ω_1 よりわずかに遅い回転角速度 ω_2 [rad/s] で回転する。このときの磁極とコイル辺の関係を考えると、コイル辺は磁極との速度差 $\omega_1 - \omega_2$ [rad/s] の速度で磁極とは逆方向に回転しているとみなせる。この回転角速度によって速度0の始動時と同じ向きの起電力を発生させて電流が流れて回転力を発生させるため、回転し続ける。もし $\omega_1 = \omega_2$ になると、相対的な速度差が0となり、起電力は発生せず電流が流れないため力が0となる。コイル辺を回転させるには、わずかである風損や摩

擦力に打ち勝たなければならないので、コイル辺は回転しない。また更に高速の $\omega_2 > \omega_1$ の場合は、起電力そして電流が逆向きになるため回転力は逆方向になり、その速度で回転し続けることはできない。従って、つねに

$$\omega_2 < \omega_1 \quad \cdots\cdots\cdots\cdots\cdots\cdots\cdots\cdots\cdots\cdots\cdots\cdots\cdots\cdots\cdots\cdots \quad (2\text{-}5)$$

の関係が保たれる。

　以上が誘導電動機の原理ではあるが、図2-1を用いた説明では、磁極を回転させているため一種の電磁カップリングといえるがこのままでは電動機とはいえない。これを電動機にするためには、磁極を回転させるのではなく、等価的に回転する磁界を作る必要がある。この回転磁界を利用したものが誘導電動機といえる。

2-2 回転磁界
(1) 三相交流による回転磁界

　ある静止点から見て、正弦波状に変化する磁界には2種類がある。1つは回転磁界、もう1つは交番磁界である。図2-2に示すような永久磁石を一定速度 ω で動かすことを考える。ここで、永久磁石による磁界の垂直方向成分は正弦波とする。時刻 $t=0$ における磁束密度の空間分布を最大値 B_m の実線で示すと $B=B_m\sin\theta$ で表される。時刻 t、位置 θ の磁束密度は

$$B(t,\theta) = B_m \sin(\theta - \omega t) \quad \cdots\cdots\cdots\cdots\cdots\cdots\cdots\cdots \quad (2\text{-}6)$$

となる。上式において、$\sin(\theta-\omega t)=0$ となる θ の位置は $\theta=\omega t$ となるので、時刻と共に正の方向に進行（回転）する磁界であることがわかる。

　これに対して、図2-3に示すように位置を固定した電磁石を交流電源で励磁するときの磁界は、時間と共に実線から破線のように変化する。この場合、どの時刻においても $\theta=0$、π、2π では0となり、磁界は θ

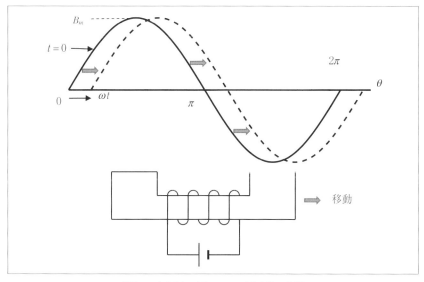

〔図2-2〕回転（あるいは進行）磁界

方向には進行しないので、

$$B(t,\theta) = B_m \cos\omega t \sin\theta \quad \cdots\cdots\cdots\cdots\cdots\cdots\cdots\cdots\cdots\cdots\cdots\cdots \quad (2\text{-}7)$$

で表すことができ、**交番磁界**と呼ばれる。上式は

$$B(t,\theta) = B_m \cos\omega t \sin\theta = \frac{B_m}{2}\{\sin(\theta - \omega t) + \sin(\theta + \omega t)\} \quad (2\text{-}8)$$

と変形することができる。第1項が θ の正方向、第2項が負方向に進行する回転磁界の和で表されることがわかる。

　実際の電動機では、図2-1や図2-2のように磁極を回転あるいは移動させることは構造上大変であるので、磁極を回転させないで回転磁界（あるいは進行磁界）を作る。図2-4に示すように、120度毎に同じ様に巻いた対称三相巻線 u, v, w を巻く。図は軸方向の断面を示し、例えばコイル u は×の方向に（紙面のこちら側から向こう側へ向かって）巻かれ

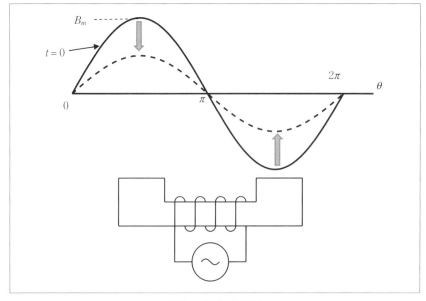

〔図2-3〕交番磁界

ており、コイル u' は・の方向に（紙面の向こう側からこちら側に向かって）巻かれている。従って、u, u' に正の電流が流れると y 方向の起磁力ができる。図 (a) を通常のコイルを用いて図 (b) のように表すことにする。u 相に電流が流れたときは、u 相巻線の正方向に起磁力が発生する。

この対称三相巻線に、図2-5で示されるような平衡三相電流を流すことを考える。時刻 t_0 においては、u 相電流は正で、v, w 相電流は負でその大きさは u 相電流の半分である。従ってその起磁力は図2-6のようになり、合成の起磁力は u 相による起磁力の最大値 F_m の1.5倍となる。

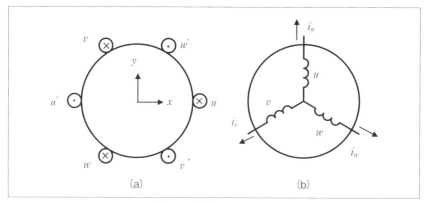

〔図2-4〕対称三相巻線

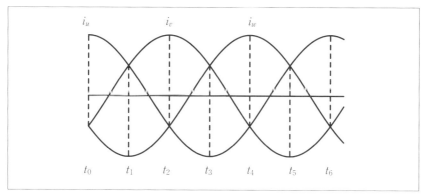

〔図2-5〕平衡三相電流

同様に時刻 t_1 においては、v 相電流は負で、w, u 相電流は正でその大きさは v 相電流の半分である。従ってその起磁力は図 2-7 の t_1 のようになり、t_0 の状態から 60 度回転した方向で $1.5F_m$ となる。これを時刻 t_0 から t_5 まで繰り返すと図 2-7 に示すように、大きさ $1.5F_m$ の起磁力が 1 回転する回転磁界となることが分かる。つまり、「空間的に 120 度ずつずれた対称三相巻線に、時間的に 120 度ずつずれた平衡三相電流を流すと電流 1 周期で 1 回転する回転磁界を作ることができる。」ここで、対称三相巻線を 60 度ずつずらせて 2 組巻き、時間的に 120 度ずつずれた平衡三相電流を流すと電流 2 周期で 1 回転する回転磁界を作ることができることは容易に分かる。拡張して、対称三相巻線を p 組、$120/p$ 度ずつ

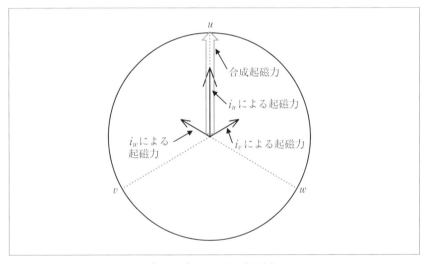

〔図 2-6〕$t=t_0$ 時の起磁力

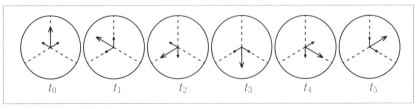

〔図 2-7〕対称三相巻線に平衡三相電流を流したときの回転磁界の発生

ずらせて巻き、時間的に 120 度ずつずれた平衡三相電流を流すと電流 p 周期で 1 回転する回転磁界を作ることができる。

　以上では、図を用いて回転磁界の発生を説明した。ここで、数式を用いて同様に説明する。起磁力を次式で表す。

$$f_a = F_m \cos \omega t$$
$$f_b = F_m \cos\left(\omega t - \frac{2}{3}\pi\right) \quad \cdots\cdots\cdots\cdots\cdots\cdots\cdots\cdots\cdots\cdots \text{(2-9)}$$
$$f_c = F_m \cos\left(\omega t - \frac{4}{3}\pi\right)$$

ここで、図 2-8 に示すように、横軸を実軸、縦軸を虚軸で表すと、合成の起磁力 F_{total} は

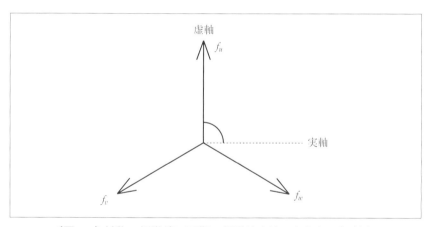

〔図 2-8〕対称三相巻線に平衡三相電流を流したときの起磁力

$$F_{total} = f_a(0+j) + f_b\left(-\frac{\sqrt{3}}{2} - j\frac{1}{2}\right) + f_c\left(\frac{\sqrt{3}}{2} - j\frac{1}{2}\right)$$

$$= F_m\left\{j\cos\omega t + \left(-\frac{1}{2}\cos\omega t + \frac{\sqrt{3}}{2}\sin\omega t\right)\left(-\frac{\sqrt{3}}{2} - j\frac{1}{2}\right)\right.$$

$$\left. + \left(-\frac{1}{2}\cos\omega t - \frac{\sqrt{3}}{2}\sin\omega t\right)\left(\frac{\sqrt{3}}{2} - j\frac{1}{2}\right)\right\}$$

$$= 1.5F_m(-\sin\omega t + j\cos\omega t) = j1.5F_m\varepsilon^{j\omega t}$$

$$F_{total} = j1.5F_m\varepsilon^{j\omega t} \tag{2-10}$$

となり、大きさが1相分の起磁力の1.5倍で、反時計回りに回転することが分かる。

また、今までの説明から明らかなように、三相巻線の内、いずれかの2つを交換すると、電流の流れる順が変わり、回転磁界の回転方向が反対になる。従って巻線の2つを入れ替えることによって、回転子の回転方向を逆にすることができる。

(2) 半導体スイッチ（トランジスタとダイオードの逆並列素子）による回転磁界

上記(1)の方法では、対称三相巻線をp組とすれば、電源周波数の$1/p$で回転する回転磁界が得られる。しかし、任意の周波数の回転磁界とすることはできない。半導体スイッチを用いて図2-9のように構成することによって、任意の周波数の回転磁界を作ることができる。ここで、半導体スイッチはトランジスタ（バイポーラ、MOSFET、IGBTなど）と逆並列のダイオードを組み合わせたものである。そしてこの回路を三相インバータと呼ぶ。表2-1に示すように、時刻t'_0において、スイッチ1、5、6をONする。続いて時刻t'_1において、スイッチ1、2、6をONと以降続いていく。時刻$t'_0 \sim t'_1$においては、巻線$u-v$間と$u-w$間に直流電圧が印可される。モータには多くの巻線があるため抵抗とは異なるが、ここでは簡単のため抵抗とみなすと、巻線uから電流が流れ込み、巻線

v と w を通って流れ出る。従って、図2-5の時刻 t_3 の状態と同じになる。そして、時刻 $t'_1 \sim t'_2$ においては、巻線 u と v から電流が流れ込み、巻線 w を通って流れ出る図2-5の時刻 t_4 の状態と同じになる。従って、三相交流によるきれいな回転磁界ではないが、6ステップの回転磁界となることが分かる。時刻 $t'_0 \sim t'_5$ は、半導体スイッチにより時刻を任意に変えることができるので、任意の周波数の回転磁界とすることができる。

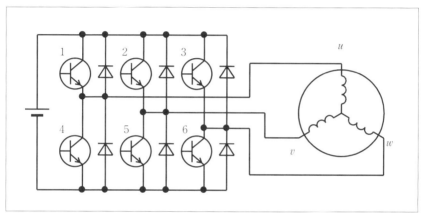

〔図2-9〕半導体スイッチを用いた回転磁界

〔表2-1〕各スイッチのON状態

時刻	t'_0	t'_1	t'_2	t'_3	t'_4	t'_5
スイッチ1	1	1				1
スイッチ2			2	2	2	
スイッチ3				3	3	3
スイッチ4			4	4	4	
スイッチ5	5				5	5
スイッチ6	6	6	6			

2-3 T形およびL形等価回路
(1) 誘導電動機の構造による分類と高効率化の方法

　誘導電動機は回転磁界を発生させる固定子巻線に供給する電源によって、三相誘導電動機と単相誘導電動機に分けられ、回転子の構造によって、かご形と巻線形に分けられる。普通のかご形は図2-10に示されるような1個のスロット（巻線や導体を入れるために積層鉄心に穴を開けた部分）に1本の太い銅あるいはアルミニウムの導体（バー）をおさめる。それに対して、バーが2重（回転子表面近くと回転子の内部の2本）になっている特殊かご形やスロットが深い深溝かご形がある。小出力の誘導電動機の場合、大量生産に適しているアルミ・ダイカストによってスロット内のバー、端絡環、冷却ファンを一度に圧入して作るアルミ・ダイカスト・ロータが使われることが多い。更にかご形回転子では、固定子と回転子のスロット数の組み合わせによっては始動が困難になる場合がある。この原因はギャップ磁束の高調波磁束成分といわれている。この高調波磁束を低減するために、1スロットピッチ分スロットを軸方向に斜めにする斜めスロット（スキュー）を用いる。

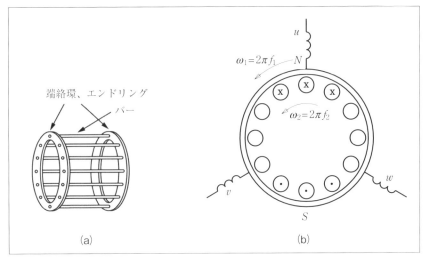

〔図2-10〕誘導電動機の構造と動作原理

誘導電動機の高効率化のための構造面での有効な手段は銅損を低減することである。その方法として、固定子銅損については、巻線スペースと導体占有率を上げて、コイルの線径を増し、長さを短くして抵抗を低減する方法が取られる。回転子銅損については、アルミ・ダイカスト・ロータから抵抗率の小さい銅に置き換える例も見られ、電気自動車用駆動モータでの使用例もある。また銅ダイカストも可能になっている[2-1]。

❖2章　誘導モータ

❖コーヒーブレイク：誘導電動機として回るアルミの卵

　ここで、ちょっと頭を休める意味で、誘導電動機の原理を利用した自分でも作れそうな物を紹介しよう。図2-11 (a) に示すように、丸型の蛍光灯のような形をした木材（あるいは硬い紙、直径約5 cm 長さ約15 cmの棒3本でもよい）にエナメル線を3箇所に、いわゆるソレノイドの形で巻く。エナメル線の片側を3本の端子とし、もう片側は3本接続する。その他、陶器の皿1枚、そしてこれは特別注文の必要があるがアルミ製の卵（中は空洞）を準備する。卵を回転させるためには、三相電源あるいは市販されている三相インバータが必要である。三相インバータの出力端子をエナメル線の3本の端子に接続する。インバータの電圧を上げていくと、お皿の上の卵が回転し始め、立った状態で回転し続ける。

　図2-11 (b) を用いてその原理を説明しよう。3本のソレノイドが空間的の120度ずれて置かれており、そこに平衡三相電流を流すと、中心部には回転磁界ができることを説明した。ここにアルミでできた卵をおくと、アルミには起電力が発生する。その結果アルミの卵には渦のような電流（渦電流という）が流れてそれに iBl 則によって力が発生して回転する。スピードが上がるにつれて、卵は立った状態で回転するようになる。

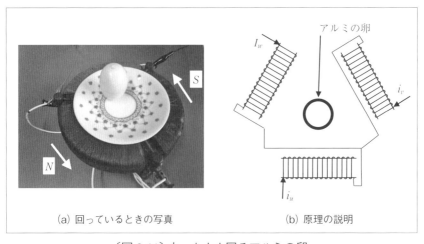

(a) 回っているときの写真　　　　　(b) 原理の説明

〔図2-11〕立ったまま回るアルミの卵

(2) 誘導電動機の等価回路の導出

動作原理の説明で用いた図 2-1 では磁石を回転させていたが、ここでは回転磁界を用いて誘導電動機の動作原理をもう一度説明しよう。図 2-10 (b) に、**バーとエンドリング**を回転子鉄心のスロット内に持つかご形誘導電動機の断面図を示す。外側の固定子鉄心のスロット内には対称三相巻線 u, v, w が巻かれている。図 2-10 (b) において、対称三相巻線 u, v, w に平衡三相電流を流すと、反時計回りに回転磁界ができる。相対的には固定子の磁界が静止し、回転子バーが時計方向に回転していると考えることができる。フレミングの右手の法則に従って、回転子バーに誘導起電力が発生する。今 u 相の電流が最も大きい時を考えると、起磁力は u 相巻線に沿ってできるので、回転子バーの起電力は図の×・のようになる。この起電力によって回転子バーには×方向の電流が流れ、向こう側のエンドリングを通って、回転子バーの・方向の電流となり、こちら側のエンドリングを通って一巡する。この誘導電流と回転磁界との間に、iBl 則によって磁極の回転方向と同じ向きに回転力が発生する。

2-1 で説明したように、回転子は回転磁界の角速度 ω_1 よりわずかに遅い回転角速度 ω_2 [rad/s] で回転する。ここで固定子コイル u, v, w の組数 p を考慮すると、

$$p\omega_2 < \omega_1 \quad \cdots\cdots\cdots\cdots\cdots\cdots\cdots\cdots\cdots\cdots (2\text{-}11)$$

ここで、誘導電動機のキーワードであるすべり（slip）s を次式で定義する。

$$s = \frac{\omega_1 - p\omega_2}{\omega_1} \quad \cdots\cdots\cdots\cdots\cdots\cdots\cdots\cdots (2\text{-}12)$$

つまりすべり s は回転磁界に対する回転子の相対速度 $\omega_1 - p\omega_2$ の回転磁界の速度 ω_1 に対する比である。また $\omega_1 = 2\pi f_1$ であることより、sf_1 を**すべり周波数**という。

$$sf_1 = f_1 - pf_2 \quad \cdots\cdots\cdots\cdots\cdots\cdots\cdots\cdots\cdots (2\text{-}13)$$

ここで、f_1：電源周波数、f_2：回転子の回転周波数である。

【問 2-1】

図2-10で固定子に対称三相巻線 u, v, w が2組ある場合を考える。回転子を固定して電源周波数 50 Hz の電源を印可したとき回転子導体1本の起電力が実効値で 5 V であった。(1) このときの起電力の周波数はいくらか。(2) 回転子が 1380 min^{-1} で回転しているときのすべり、回転子導体1本の起電力の周波数、実効値を求めよ。

【解】

(1) 式 (2-13) で表されるすべり周波数が回転子導体の起電力の周波数であるので、

$$sf_1 = f_1 - pf_2 = 50 - 2 \times 0 = 50 \text{ Hz}$$

(2) 式 (2-13) より

$$\text{すべり} \quad s = \frac{f_1 - pf_2}{f_1} = \frac{50 - 2 \times \frac{1380}{60}}{50} = \frac{50 - 46}{50} = 0.08$$

起電力の周波数、実効値は回転子の回転磁界に対する相対速度に比例するので、

起電力の周波数　　$sf_1 = 0.08 \times 50 = 4$ Hz

起電力の実効値　　$E_{2s} = sE_2 = 0.08 \times 5 = 0.4$ V　　【解終了】

次に、1相分等価回路の導出について説明する。三相誘導電動機の回転子にはかご形と巻線形があるが、かご形回転子も極対数が固定子巻線の極対数に等しい三相巻線と等価的に考えることができる。従って、かご形誘導電動機も図2-12に示す三相分の等価回路で考える。ここで、R_s, R_r, L_s', L_r', M' は固定子巻線抵抗、回転子巻線抵抗、固定子巻線の自己インダクタンス、回転子巻線の自己インダクタンス、各巻線間の相互インダクタンスである。ここで、導出される等価回路の定数に ' をつけ

ないで表すために、ここでは定数に'を付けて表している。また、v_{us}, v_{vs}, v_{ws} は u, v, w 相固定子電圧、i_{us}, i_{vs}, i_{ws} は u, v, w 相固定子電流、θ_r は u 相固定子巻線から反時計回りに取った u 相回転子巻線の電気角度である。また、漏れインダクタンス l_s, l_r を考慮すると、自己インダクタンスと相互インダクタンスには、$L_s' = M' + l_s, L_r' = M' + l_r$ の関係がある。回転子の電気角で表した回転角速度 ω_r の時間に対する積分が θ_r である。

$$\theta_r = \int \omega_r dt \quad \cdots \cdots \cdots \cdots \cdots \cdots \cdots \cdots \cdots \cdots \cdots \cdots \cdots \cdots (2\text{-}14)$$

また、回転子の機械角で表した回転角速度 ω_m と電気角で表した回転角速度 ω_r の間には下記の関係がある。

$$\omega_r = p\omega_m \quad \cdots \cdots \cdots \cdots \cdots \cdots \cdots \cdots \cdots \cdots \cdots \cdots \cdots \cdots (2\text{-}15)$$

図2-12の回路に対する電圧方程式は下式のようになる。

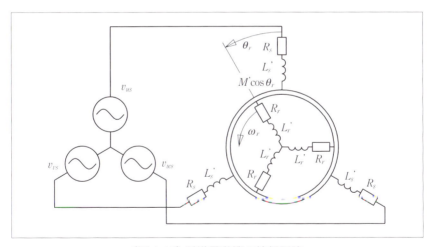

〔図2-12〕誘導電動機の等価回路

$$\begin{Bmatrix} v_{us} \\ v_{vs} \\ v_{ws} \\ 0 \\ 0 \\ 0 \end{Bmatrix} = \begin{bmatrix} R_s + PL_s' & -P\dfrac{M'}{2} & -P\dfrac{M'}{2} & PM'\cos\theta_r & PM'\cos\left(\theta_r - \dfrac{4\pi}{3}\right) & PM'\cos\left(\theta_r - \dfrac{2\pi}{3}\right) \\ -P\dfrac{M'}{2} & R_s + PL_s' & -P\dfrac{M'}{2} & PM'\cos\left(\theta_r - \dfrac{2\pi}{3}\right) & PM'\cos\theta_r & PM'\cos\left(\theta_r - \dfrac{4\pi}{3}\right) \\ -P\dfrac{M'}{2} & -P\dfrac{M'}{2} & R_s + PL_s' & PM'\cos\left(\theta_r - \dfrac{4\pi}{3}\right) & PM'\cos\left(\theta_r - \dfrac{2\pi}{3}\right) & PM'\cos\theta_r \\ PM'\cos\theta_r & PM'\cos\left(\theta_r - \dfrac{2\pi}{3}\right) & PM'\cos\left(\theta_r - \dfrac{4\pi}{3}\right) & R_r + PL_r' & -P\dfrac{M'}{2} & -P\dfrac{M'}{2} \\ PM'\cos\left(\theta_r - \dfrac{4\pi}{3}\right) & PM'\cos\theta_r & PM'\cos\left(\theta_r - \dfrac{2\pi}{3}\right) & -P\dfrac{M'}{2} & R_r + PL_r' & -P\dfrac{M'}{2} \\ PM'\cos\left(\theta_r - \dfrac{2\pi}{3}\right) & PM'\cos\left(\theta_r - \dfrac{4\pi}{3}\right) & PM'\cos\theta_r & -P\dfrac{M'}{2} & -P\dfrac{M'}{2} & R_r + PL_r' \end{bmatrix} \begin{Bmatrix} i_{us} \\ i_{vs} \\ i_{ws} \\ i_{ur} \\ i_{ur} \\ i_{ur} \end{Bmatrix}$$

$\cdots$ (2-16)

ただし、P は微分演算子 d/dt である。各巻線の相互インダクタンスを M' としたが、例えば式 (2-16) の 1 行 2 列目の u, v 相間の相互インダクタンスは $-M'/2$ となっている。これは u, v 相が重なったと考えたときの相互インダクタンスを M' としたとき、u, v 相は $2\pi/3$ ずれているので

$$M'\cos\left(\frac{2\pi}{3}\right) = -\frac{M'}{2} \quad \cdots (2\text{-}17)$$

となるためである。また、微分演算子が行列内に入っているが、電流を含めて微分するという意味である。つまり式 (2-16) の1行4列は

$$pM'\cos\theta_r i_{ur} = \frac{d}{dt}(M'\cos\theta_r\, i_{ur})$$

を意味するので注意してほしい。

　ここで定常状態の1相分等価回路を導出するために、電気回路計算でよく用いられる複素表示を用いる。ただし、式 (2-16) には電源角周波数 ω と回転子の電気角で表した回転角速度 ω_r、更に回転子巻線に流れる電流の角周波数 ω_s（ここで下付 s はステータではなくすべりを意味している）

$$\omega_s = \omega - \omega_r \quad\cdots\cdots\cdots\cdots\cdots\cdots\cdots\cdots\cdots\cdots\cdots\cdots\cdots\cdots\cdots (2\text{-}18)$$

が存在するので

$$v(t) = \sqrt{2}V\cos(\omega t + \varphi) \quad \Rightarrow V\varepsilon^{j\varphi} \text{ではなく} \quad \Rightarrow V\varepsilon^{j(\omega t+\varphi)} \quad (2\text{-}19)$$

と表示することにする。1行4列目について考えると

$$P(M'\cos\theta_r\, i_{ur}) = P\left[M'\cos(\omega_r t)\sqrt{2}I_r \cos(\omega_s t + \varphi_{i_r})\right]$$

$$= \sqrt{2}M'I_r \frac{1}{2}P\left[\cos\{(\omega_r+\omega_s)t+\varphi_{i_r}\} + \cos\{(\omega_r-\omega_s)t-\varphi_{i_r}\}\right]$$

$$= \sqrt{2}M'I_r \frac{1}{2}\left[-(\omega_r+\omega_s)\sin\{(\omega_r+\omega_s)t+\varphi_{i_r}\}\right.$$
$$\left. -(\omega_r-\omega_s)\sin\{(\omega_r-\omega_s)t-\varphi_{i_r}\}\right]$$

となるので

$$P(M'\cos\theta_r\, i_{ur})$$
$$\Rightarrow \frac{M'}{2}I_r\left[j(\omega_r+\omega_s)\varepsilon^{j\{(\omega_r+\omega_s)t+\varphi_{i_r}\}} + j(\omega_r-\omega_s)\varepsilon^{j\{(\omega_r-\omega_s)t-\varphi_{i_r}\}}\right]$$
$$\cdots (2\text{-}20)$$

を考慮すれば、式 (2-16) の1行目は

❖ 2章　誘導モータ

$$V_s \varepsilon^{j(\omega t+\varphi_{l_s})} = R_s I_s \varepsilon^{j(\omega t+\varphi_{l_s})} + j\omega L_s' I_s \varepsilon^{j(\omega t+\varphi_{l_s})}$$

$$- j\omega \frac{M'}{2} I_s \varepsilon^{j(\omega t+\varphi_{l_s}-\frac{2\pi}{3})} - j\omega \frac{M'}{2} I_s \varepsilon^{j(\omega t+\varphi_{l_s}-\frac{4\pi}{3})}$$

$$+ \frac{M'}{2} I_r \left[j(\omega_r+\omega_s) \varepsilon^{j\{(\omega_r+\omega_s)t+\varphi_{l_r}\}} + j(\omega_r-\omega_s) \varepsilon^{j\{(\omega_r-\omega_s)t-\varphi_{l_r}\}} \right]$$

$$+ \frac{M'}{2} I_r \left[j(\omega_r+\omega_s) \varepsilon^{j\{(\omega_r+\omega_s)t+\varphi_{l_r}-\frac{4\pi}{3}-\frac{2\pi}{3}\}} \right.$$

$$\left. + j(\omega_r-\omega_s) \varepsilon^{j\{(\omega_r-\omega_s)t-\varphi_{l_r}-\frac{4\pi}{3}+\frac{2\pi}{3}\}} \right]$$

$$+ \frac{M'}{2} I_r \left[j(\omega_r+\omega_s) \varepsilon^{j\{(\omega_r+\omega_s)t+\varphi_{l_r}-\frac{2\pi}{3}-\frac{4\pi}{3}\}} \right.$$

$$\left. + j(\omega_r-\omega_s) \varepsilon^{j\{(\omega_r-\omega_s)t-\varphi_{l_r}-\frac{2\pi}{3}+\frac{4\pi}{3}\}} \right] \quad \cdots (2\text{-}21)$$

ここで

$$L_s' = l_s + M' = l_s + \frac{3}{2}M' - \frac{M'}{2} \quad \cdots\cdots\cdots\cdots\cdots\cdots\cdots\cdots (2\text{-}22)$$

を考慮すると、式 (2-21) は

$$V_s \varepsilon^{j(\omega t + \varphi_{v_s})} = R_s I_s \varepsilon^{j(\omega t + \varphi_{i_s})} + j\omega\left(l_s + \frac{3}{2}M'\right) I_s \varepsilon^{j(\omega t + \varphi_{i_s})}$$

$$- j\omega \frac{M'}{2} I_s \varepsilon^{j(\omega t + \varphi_{i_s})} \left(1 + \varepsilon^{-j\frac{2\pi}{3}} + \varepsilon^{-j\frac{4\pi}{3}}\right)$$

$$+ \frac{M'}{2} I_r j(\omega_r + \omega_s) \varepsilon^{j\{(\omega_r + \omega_s)t + \varphi_{i_r}\}} \times 3$$

$$+ \frac{M'}{2} I_r j(\omega_r - \omega_s) \varepsilon^{j\{(\omega_r - \omega_s)t - \varphi_{i_r}\}} \left(1 + \varepsilon^{j\frac{4\pi}{3}} + \varepsilon^{j\frac{2\pi}{3}}\right)$$

更に

$$L_s = l_s + M$$
$$M = \frac{3}{2}M' \quad \cdots\cdots\cdots\cdots\cdots\cdots\cdots\cdots\cdots\cdots\cdots\cdots\cdots\cdots\cdots \text{(2-23)}$$

とすると

$$V_s \varepsilon^{j(\omega t + \varphi_{v_s})}$$
$$= R_s I_s \varepsilon^{j(\omega t + \varphi_{i_s})} + j\omega L_s I_s \varepsilon^{j(\omega t + \varphi_{i_s})} + MI_r j(\omega_r + \omega_s)\varepsilon^{j\{(\omega_r + \omega_s)t + \varphi_{i_r}\}}$$
$$= R_s I_s \varepsilon^{j(\omega t + \varphi_{i_s})} + j\omega L_s I_s \varepsilon^{j(\omega t + \varphi_{i_s})} + j\omega MI_r \varepsilon^{j(\omega t + \varphi_{i_r})}$$
$$\therefore \quad V_s \varepsilon^{j\varphi_{v_s}} = R_s I_s \varepsilon^{j\varphi_{i_s}} + j\omega L_s I_s \varepsilon^{j\varphi_{i_s}} + j\omega M I_r \varepsilon^{j\varphi_{i_r}}$$

複素表示すると

$$\dot{V}_s = R_s \dot{I}_s + j\omega L_s \dot{I}_s + j\omega M \dot{I}_r = R_s \dot{I}_s + j\omega(l_s + M)\dot{I}_s + j\omega M \dot{I}_r$$
$$\cdots \text{(2-24)}$$

式 (2-16) の2行目、3行目についても v 相、w 相は u 相よりそれぞれ $2\pi/3$、$4\pi/3$ ずれていることを考慮すれば、同じ式 (2-24) となることが容易に分かる。

式 (2-16) の 4 行目についても同様に変換することができる。ほぼ同様なのでここでは導出過程を省略する。

$$L_r = l_r + M \quad \cdots\cdots\cdots\cdots\cdots\cdots\cdots\cdots\cdots\cdots\cdots\cdots\cdots (2\text{-}25)$$

とすると、次式が得られる。

$$0 = j\omega M I_s \varepsilon^{j\varphi_{i_s}} + \frac{\omega}{\omega_s} R_r I_r \varepsilon^{j\varphi_{i_r}} + j\omega L_r I_r \varepsilon^{j\varphi_{i_r}}$$

複素表示すると

$$0 = j\omega M \dot{I}_s + \left(\frac{\omega}{\omega_s} R_r + j\omega L_r\right) \dot{I}_r \quad \cdots\cdots\cdots\cdots\cdots\cdots (2\text{-}26)$$

ここで、ω_s は回転子巻線に流れる電流の角周波数であり、(2-18) で表されるので

$$\frac{\omega}{\omega_s} = \frac{1}{s}$$

となる。

$$0 = j\omega M \dot{I}_s + \frac{R_r}{s} \dot{I}_r + j\omega L_r \dot{I}_r = j\omega M \dot{I}_s + \frac{R_r}{s} \dot{I}_r + j\omega(l_r + M)\dot{I}_r$$
$$\cdots (2\text{-}27)$$

式 (2-24) と式 (2-27) が成立する回路は図 2-13 であることは容易に分かる。ただし、図 2-13 では R_r/s を、次式のように回転子銅損を表す抵抗成分と電動機出力を表す 2 つの抵抗成分に分けている。

$$\frac{R_r}{s} = R_r + \frac{1-s}{s} R_r \quad \cdots\cdots\cdots\cdots\cdots\cdots\cdots\cdots\cdots\cdots (2\text{-}28)$$

図 2-13 を 1 相分の **T 形等価回路**という。ここで、$\dot{V}_s$ は相電圧であり、線間電圧 $\dot{V}_l$ の $1/\sqrt{3}$ である。また、小型の誘導電動機を除いて一般に $R_s + j\omega l_s$ は小さく、その電圧降下は小さいので、M の部分を前に出した

― 70 ―

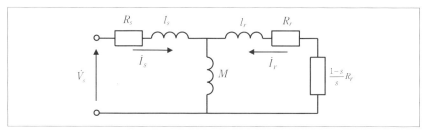

〔図2-13〕1相分のT形等価回路

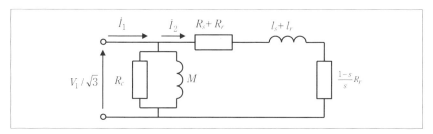

〔図2-14〕1相分のL形等価回路

L 形等価回路がよく用いられる。ただし、図2-14では、鉄損抵抗 R_c も M と並列に入れている。なお、図2-13に示すような鉄損抵抗 R_c と M の並列ではなく、アドミタンス(コンダクタンスとサセプタンスの並列で表すこともよく行われるので、注意されたい。

(3) 回路定数の求め方

誘導電動機の L 形等価回路に用いる回路定数は次に示す3つの試験により求めることができる。ただし、漏れインダクタンスは合計のみで分離することはできない。

(3-1) 抵抗測定

固定子巻線をY結線と考えて、測定温度 $t[℃]$ のときの2端子間の抵抗 $R_1[\Omega]$ を測定し、1相分の抵抗 $R_s[\Omega]$ は次式より求める。

$$R_s = \frac{R_1}{2} \frac{234.5+T}{234.5+t} \quad \cdots\cdots\cdots\cdots\cdots\cdots\cdots\cdots\cdots\cdots\cdots (2\text{-}29)$$

ここで、T は使用時の温度である基準巻線温度である。また、234.5 について簡単に説明する。抵抗値は温度によって次式のように変化することが知られている。

$$R = R_{t_0}\{1 + \alpha(t - t_0)\} \quad \cdots\cdots\cdots\cdots\cdots\cdots\cdots\cdots\cdots\cdots\cdots\cdots\cdots \text{(2-30)}$$

標準銅材料では、20℃において $\alpha = 3.93 \times 10^{-3} = 1/254.5$ であるので、

$$R_T = R_{t_0}\{1 + \alpha(T - 20)\}$$
$$R_t = R_{t_0}\{1 + \alpha(t - 20)\}$$

従って

$$\frac{R_T}{R_t} = \frac{R_{t_0}\{1 + \alpha(T - 20)\}}{R_{t_0}\{1 + \alpha(T - 20)\}} = \frac{1/\alpha - 20 + T}{1/\alpha - 20 + t} = \frac{234.5 + T}{234.5 + t}$$

のように表せるためである。なお、アルミニウムの場合は、234.5 の代わりに 225 を用いる。

(3-2) **無負荷試験** No-load test

定格周波数で、定格電圧 V_1 [V]（線間電圧）で無負荷運転し、固定子電流 I_0 [A] と入力電力 W_0 [W] を測定する。図 2-14 において、$s \fallingdotseq 0$ と仮定して回転子側の回路を開放と考える。

$$R_c = \frac{(V_1/\sqrt{3})^2}{W_0/3} \quad \cdots\cdots\cdots\cdots\cdots\cdots\cdots\cdots\cdots\cdots\cdots\cdots\cdots \text{(2-31)}$$

$$\omega M = \sqrt{\left(\frac{V_1/\sqrt{3}}{I_0}\right)^2 - R_c^2} \quad \cdots\cdots\cdots\cdots\cdots\cdots\cdots\cdots\cdots\cdots \text{(2-32)}$$

ここで、機械損（風損や軸の摩擦損など）が大きい場合は、無負荷損を鉄損と機械損に分離する。無負荷試験において、電圧を徐々に下げていきそのときの無負荷損を測定し図 2-15 のように表す。端子電圧がかなり低く安定に運転できない場合は破線のように外挿して**機械損**を推定する。

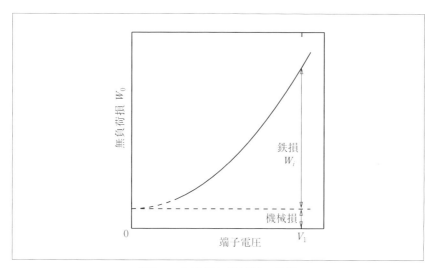

〔図 2-15〕鉄損と機械損の分離

(3-3) 拘束試験　Locked rotor test

　回転子を拘束（回転させない状態）して、定格電流 I_1 [A] を流したとき電圧 V_s [V]（線間電圧）と入力電力 W_s [W] を測定する。通常 V_s は通常定格電圧の数分の 1 となるので、図 2-14 において、R_c と M の回路を無視して、開放と考えると

$$R_s + R_r = \frac{W_s/3}{I_1^2} \quad \cdots\cdots\cdots\cdots\cdots\cdots\cdots\cdots\cdots (2\text{-}33)$$

$$\omega(l_s + l_r) = \sqrt{\left(\frac{V_s/\sqrt{3}}{I_1}\right)^2 - (R_s + R_r)^2} \quad \cdots\cdots\cdots (2\text{-}34)$$

のように求めることができる。

(4) 1 相分等価回路を用いた特性

　誘導電動機の 1 相分の L 形等価回路は図 2-14 で示されることがわかった。この等価回路を用いて、定常状態の基本的な特性を検討しよう。

この等価回路において、電源の周波数と電圧が一定のとき変数はすべり s、つまり回転速度のみであるので、発生トルクおよび電流は回転速度あるいはすべりのみの関数となり、図2-16のようになる。ここで注意してほしいのは、この速度特性曲線は回転速度が横軸の値のときの発生トルクや電流の値を示しているが、回転速度を入力として与えるのではないということである。負荷トルクが2点破線の場合、誘導電動機を一定電圧の三相交流電源に接続したとすると、始動トルクが発生して発生トルクと負荷トルクの差によって誘導電動機は加速し、その交点Pで安定に運転する。この安定運転については、DCモータの式 (1-44) でも示したが、P点で運転されている場合、運転状態のちょっとしたずれで例えば速度が少し上がったとすると、図より発生トルクは小さくなり、負荷トルクは大きくなる。従って負荷トルクの方が大きいので、回転速度は遅くなりP点に戻り、平衡状態を保つためである。

　この特性はこれから述べる誘導電動機の特性を理解するうえでは重要であるが、実際の運転特性を知りたい場合は、横軸にトルク（定常状態で

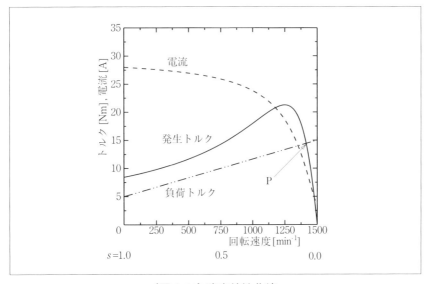

〔図2-16〕速度特性曲線

あるので、発生トルク＝負荷トルクである）をとった図2-17のトルク特性曲線が有用である。この図より、無負荷の状態で回転磁界とほぼ同じ回転速度で運転している状態で、負荷トルクをかけていくと速度はわずかに遅くなり、電流は増加し、効率は急に上昇して、あるトルクのとき最大値となり更にトルクが大きくなると少しずつ低くなっていくことが分かる。

　ここで、回転子である2次側への入力を**同期ワット** P_{sy} というが、これと2次銅損 W_2、出力 P_o の関係を説明する。図2-14より

$$P_o = 3\frac{1-s}{s}R_r I_2^2 \quad \cdots\cdots\cdots\cdots\cdots\cdots\cdots\cdots\cdots\cdots\cdots (2\text{-}35)$$

$$W_2 = 3R_r I_2^2 \quad \cdots\cdots\cdots\cdots\cdots\cdots\cdots\cdots\cdots\cdots\cdots\cdots\cdots (2\text{-}36)$$

$$P_{sy} = P_o + W_2 = 3\frac{R_r}{s}I_2^2 \quad \cdots\cdots\cdots\cdots\cdots\cdots\cdots\cdots (2\text{-}37)$$

$$\therefore \quad P_{sy} : P_o : W_2 = 1 : (1-s) : s \quad \cdots\cdots\cdots\cdots\cdots\cdots (2\text{-}38)$$

式（2-38）より、すべりが小さければ、銅損が小さく出力が大きいことが分かる。従って、すべりの小さい状態で運転すると高効率になること

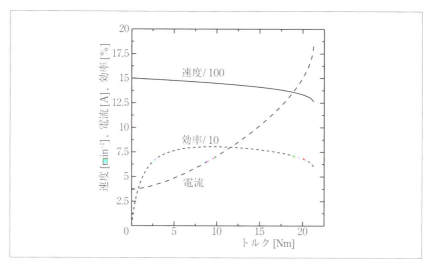

〔図2-17〕トルク特性曲線の例

が分かる。

トルクについて考えると

$$T = \frac{P_o}{\omega_m} = \frac{P_{syn}(1-s)}{\frac{\omega}{p}(1-s)} = \frac{P_{syn}}{\omega/p} \quad \cdots\cdots\cdots\cdots\cdots\cdots\cdots\cdots (2\text{-}39)$$

となるので、同期ワットを**同期ワットのトルク**ともいい、誘導電動機ではトルク特性を表すのによく使われる。

図 2-14 において、

$$R_r + \frac{1-s}{s}R_r = \frac{R_r}{s}$$

を考慮すると、I_1, I_2 は $\frac{R_r}{s}$ の関数であり、従って同期ワットつまりトルクも $\frac{R_r}{s}$ の関数である。言い換えると、$\frac{R_r}{s}$ が一定であれば、電流、トルクは変わらないことを意味する。これを誘導電動機の**比例推移**という。図 2-18 に回転子の抵抗を 3 倍にしたときの速度特性の比例推移を示す。図より、回転子抵抗が大きくなった場合、始動時の特性が改善される。つまり、電流は減り、逆にトルクは増加することが分かる。このことを利用したものが特殊かご形誘導電動機であり、二重かご形と深溝かご形がある。ここで表皮効果について説明する。**表皮効果**（Skin effect）とは、ある材質に入射した高周波の電磁界が奥まで入っていかない現象であり、表面から $1/e ≒ 1/2.718$ に減衰する距離を**表皮深さ**（Skin depth）という。透磁率が μ、導電率が σ の導体においては

$$Skin\ depth = \frac{1}{\sqrt{\pi f \mu \sigma}} \quad \cdots\cdots\cdots\cdots\cdots\cdots\cdots\cdots\cdots\cdots (2\text{-}40)$$

で表される。銅、アルミニウムについて、その導電率を 5.82×10^7 S/m、及び 3.55×10^7 S/m と仮定すると、50 Hz における銅とアルミニウムの表皮深さは 9.3 mm、11.9 mm となる。誘導電動機の場合、銅やアルミニウムでできた回転子のバーは回転子鉄心のスロット内におさめられている

ので、実際の表皮深さはこの値とは異なる。しかし、始動時は回転子に入ってくる磁界の周波数は電源周波数と同じで高い値であり、定常運転時はすべり周波数の低い値である。回転子のバーが深い場合や半径方向に二重になっている特殊かご形の場合、始動時は表皮深さが小さいので、回転子バーの表面にのみ電流が流れる。ここで、抵抗値は導体の長さlと断面積Sによって一般に下記で表されるので

$$R = \frac{l}{\sigma S} \quad \cdots\cdots\cdots\cdots\cdots\cdots\cdots\cdots\cdots\cdots\cdots\cdots \quad (2\text{-}41)$$

始動時はSが小さく、抵抗が大きくなる。このため、特殊かご形誘導電動機では、比例推移により、図2-18の大きな抵抗特性から小さい抵抗特性に徐々に移り変わる特性を持たせることができる。

次に、誘導電動機の速度制御として、よく使用される方法である*V/f*一定制御について説明する。これは、後述するインバータを用いる方法の1つである。インバータはその出力電圧と基本波成分の周波数を任意

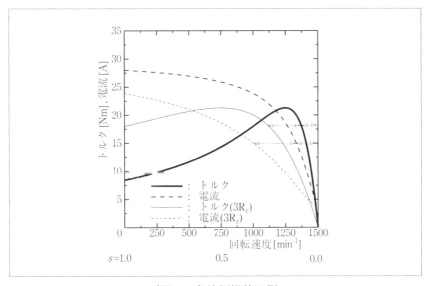

〔図2-18〕比例推移の例

に変更することが可能である。トルクを計算すると、

$$T = \frac{P_o}{\omega_m} = \frac{P_{syn}(1-s)}{\omega/p \times (1-s)} = \frac{1}{\omega/p} \frac{3R_r}{s} I_2^2$$

$$= \frac{3}{\omega/p} \frac{(V_1/\sqrt{3})^2}{(R_s + R_r/s)^2 + (\omega(l_s + l_r))^2} \frac{R_r}{s}$$

ここで、R_s を小さいとして無視すると

$$T = \frac{1}{\omega/p} \frac{V_1^2}{(R_r/s)^2 + (\omega(l_s + l_r))^2} \frac{R_r}{s}$$

$$= \frac{1}{\omega/p} \frac{V_1^2}{\omega/p \left(\dfrac{R_r}{\omega/p - \omega_m}\right) + \dfrac{\omega^2(l_s + l_r)^2}{R_r} \dfrac{\omega/p - \omega_m}{\omega/p}}$$

$$= \frac{V_1^2}{\omega^2/p} \frac{1}{\dfrac{R_r}{p(\omega/p - \omega_m)} + \dfrac{(l_s + l_r)^2(\omega/p - \omega_m)}{R_r/p}} \quad \cdots (2\text{-}42)$$

$V_1/f\,(=V_1/\omega)$ を一定とすると、$(\omega/p - \omega_m)$ の関数となるので、$(\omega/p - \omega_m)$ が一定のときトルクは等しいことが分かる。この関係を図示すると、図2-19のように、トルク特性が平行移動する。その結果、V/f を一定に保ちながら f を高くしていくことにより、円滑に速度制御ができる。なお、以上の説明では簡単のために、R_s を無視して説明したが、実際には R_s があるので、図2-19のように平行移動ではなく、回転速度が低いところではわずかに最大トルクの値が小さくなる。

(5) L形等価回路における最大トルク、最大出力、最大効率

誘導電動機の1相分のL形等価回路を用いて、トルクが最大となるすべりと最大トルクの式、出力が最大となるすべりと最大出力の式、更に鉄損を考慮した場合の効率が最大となるすべりと最大効率の式を導出しよう。トルクについては、式(2-37)の同期ワットに対して $dP_{sy}/ds = 0$ とすることにより求められる。

$$s_{T_{\max}} = \frac{R_r}{\sqrt{R_s^2 + \omega^2 (l_s + l_r)^2}} \quad \cdots\cdots\cdots\cdots\cdots\cdots\cdots\cdots (2\text{-}43)$$

$$P_{syn,\max} = \frac{3(V_1/\sqrt{3})^2}{2\left\{R_s + \sqrt{R_s^2 + \omega^2 (l_s + l_r)^2}\right\}} \quad \cdots\cdots\cdots\cdots (2\text{-}44)$$

$$T_{\max} = \frac{3(V_1/\sqrt{3})^2}{\omega/p \times 2\left\{R_s + \sqrt{R_s^2 + \omega^2 (l_s + l_r)^2}\right\}} \quad \cdots\cdots\cdots (2\text{-}45)$$

出力についても同様に、$dP_o/ds=0$ とすることにより求められる。

$$s_{P_{o,\max}} = \frac{R_r}{R_r + \sqrt{(R_s + R_r)^2 + \omega^2 (l_s + l_r)^2}} \quad \cdots\cdots\cdots (2\text{-}46)$$

$$P_{o,\max} = \frac{3(V_1/\sqrt{3})^2}{2\left\{R_s + R_r + \sqrt{(R_s + R_r)^2 + \omega^2 (l_s + l_r)^2}\right\}} \quad \cdots (2\text{-}47)$$

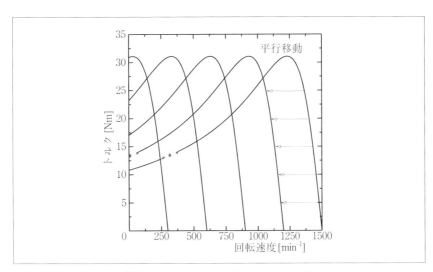

〔図 2-19〕V/f 一定制御時の特性の例

【問 2-2】
　式 (2-43) および式 (2-45) を導出せよ。
【解】

$$P_{syn} = \frac{3R_r}{s} I_2^2 = 3\frac{R_r}{s} \frac{(V_1/\sqrt{3})^2}{(R_s + R_r/s)^2 + \omega^2(l_s + l_r)^2}$$

$$= R_r V_1^2 \frac{1}{s(R_s + R_r/s)^2 + s\omega^2(l_s + l_r)^2}$$

$$= R_r V_1^2 \frac{1}{sR_s^2 + s\omega^2(l_s + l_r)^2 + 2R_sR_r + R_r^2/s}$$

$\dfrac{\partial P_{syn}}{\partial s} = 0$ とおくと

$$R_r^2/s^2 = R_s^2 + \omega^2(l_s + l_r)^2$$
$$s = \pm \frac{R_r}{\sqrt{R_s^2 + \omega^2(l_s + l_r)^2}}$$

ここで、電動機の場合 $0 \leq s \leq 1$ であるので、式 (2-43) が得られる。このすべりの式を

$$T = \frac{P_{syn}}{\omega/p}$$

に代入することにより、式 (2-45) が得られる。　　　　　【解終了】

　次に、**最大効率の式**を導出しよう。

出力 　　$P_o = 3\dfrac{1-s}{s}R_r I_2^2$

入力 　　$P_{in} = 3\left(R_s + \dfrac{R_r}{s}\right)I_2^2 + 3\dfrac{(V_1/\sqrt{3})^2}{R_c}$

を効率

$$\eta = \dfrac{P_o}{P_{in}}$$

に代入して

$$\dfrac{\partial \eta}{\partial s} = 0$$

とおくと、計算は少し煩雑であるが

$$s_{\eta_{\max}} = \dfrac{R_r}{R_r \pm \sqrt{(R_s+R_r)^2 + \omega^2(l_s+l_r)^2 + (R_s+R_r)R_c}}$$

ここで、電動機の場合 $0 \leq s \leq 1$ であるので、次式が得られる。

$$s_{\eta_{\max}} = \dfrac{R_r}{R_r + \sqrt{(R_s+R_r)^2 + \omega^2(l_s+l_r)^2 + (R_s+R_r)R_c}} \quad (2\text{-}48)$$

このすべりを効率の式に代入して

$$\eta_{\max} = \dfrac{R_c}{2(R_s+R_r) + R_c + 2\sqrt{(R_s+R_r)^2 + \omega^2(l_s+l_r)^2 + (R_s+R_r)R_c}}$$
$$\cdots (2\text{-}49)$$

式 (2-43) から式 (2-47) は、多くの著書、例えば [2-2]、[2-3] に記載されているが、式 (2-48) および式 (2-49) は記載例がなく、有用な式と考えられる。図 2-20 は定格 1.5 kW のある誘導電動機の速度特性を示しているが、式 (2-43)、式 (2-46)、式 (2-48) の分母を比較することにより、$s_{T\max} > s_{Po,\max} > s_{\eta\max}$ が成立する。

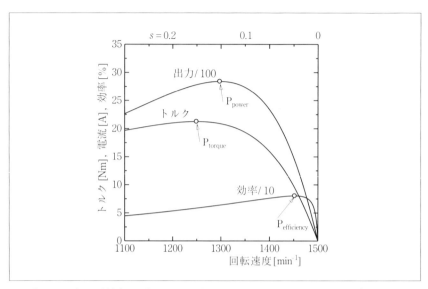

〔図 2-20〕L 形等価回路における最大トルク、最大出力、最大効率の例

2－4　ベクトル制御用回路方程式と等価回路

　ベクトル制御とは交流電動機の制御方法の一つであり、電流を磁束に相当する電流成分とトルクに相当する電流成分の2成分に分けて、それぞれの電流成分を独立に制御する方式のことである。この二つの電流は互いに直交しているので、ベクトル量として、磁束成分が他励直流電動機の界磁電流、トルク成分が固定子電流になっているように考えることができる。誘導電動機のベクトル制御には、直接型の磁気センサ付きベクトル制御と間接型のすべり周波数を演算するベクトル制御がある。直接型のベクトル制御は、電動機定数である抵抗やインダクタンスの温度や磁気飽和による変化の影響を受けないという利点があるが、磁気センサを電動機の内部に取り付ける必要があり、実用化において難があるといわれている。ここでは、**間接型のすべり周波数を演算するベクトル制御**について説明する。なお、次の(1)座標変換は一般的な話であるので、飛ばして(2)に進んでも良い。

(1) 座標変換

　ここでは、ベクトル制御に必要な座標変換について、簡単な例で説明する [2-4]。
　図 2-21 で示す簡単な電気回路について考える。図 (a) のように電流

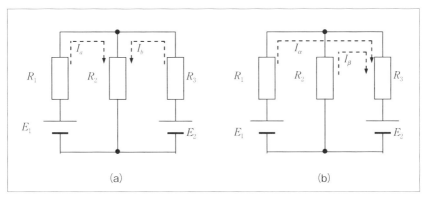

〔図 2-21〕簡単な電気回路 1

を設定すると、次式が成り立つ。

$$\begin{pmatrix} E_1 \\ E_2 \end{pmatrix} = \begin{bmatrix} R_1 + R_2 & R_2 \\ R_2 & R_2 + R_3 \end{bmatrix} \begin{pmatrix} I_a \\ I_b \end{pmatrix} \quad \cdots\cdots\cdots\cdots\cdots\cdots\cdots (2\text{-}50)$$

これを $\mathbf{E} = \mathbf{ZI}$ と表す。同様に図 (b) のように電流を設定すると

$$\begin{pmatrix} E_1 - E_2 \\ -E_2 \end{pmatrix} = \begin{bmatrix} R_1 + R_3 & R_3 \\ R_3 & R_2 + R_3 \end{bmatrix} \begin{pmatrix} I_\alpha \\ I_\beta \end{pmatrix} \quad \cdots\cdots\cdots\cdots\cdots (2\text{-}51)$$

これを $\mathbf{E'} = \mathbf{Z'I'}$ と表す。電流の関係は

$$\begin{pmatrix} I_a \\ I_b \end{pmatrix} = \begin{pmatrix} I_\alpha \\ -I_\alpha - I_\beta \end{pmatrix} = \begin{bmatrix} 1 & 0 \\ -1 & -1 \end{bmatrix} \begin{pmatrix} I_\alpha \\ I_\beta \end{pmatrix} \quad \cdots\cdots\cdots (2\text{-}52)$$

となり、$\mathbf{I} = \mathbf{CI'}$ と表す。2つの図の電圧の関係を見てみると、

$$\begin{pmatrix} E_1 - E_2 \\ -E_2 \end{pmatrix} = \begin{bmatrix} 1 & -1 \\ 0 & -1 \end{bmatrix} \begin{pmatrix} E_1 \\ E_2 \end{pmatrix} \quad \cdots\cdots\cdots\cdots\cdots\cdots (2\text{-}53)$$

のように、$\mathbf{E'} = \mathbf{C_t E}$ となっていることが分かる。ここで、$\mathbf{C_t}$ は転置行列である。ここで、$\mathbf{E} = \mathbf{ZI}$ の左側から $\mathbf{C_t}$ を乗じると、$\mathbf{C_t E} = \mathbf{C_t ZI} = \mathbf{C_t ZCI'}$ となり、

$$\begin{aligned} \mathbf{C_t ZC} &= \begin{bmatrix} 1 & -1 \\ 0 & -1 \end{bmatrix} \begin{bmatrix} R_1 + R_2 & R_2 \\ R_2 & R_2 + R_3 \end{bmatrix} \begin{bmatrix} 1 & 0 \\ -1 & -1 \end{bmatrix} \\ &= \begin{bmatrix} R_1 + R_3 & R_3 \\ R_3 & R_2 + R_3 \end{bmatrix} \quad \cdots\cdots\cdots\cdots (2\text{-}54) \end{aligned}$$

となり、式 (2-51) の $\mathbf{Z'}$ が求められる。次に、2つの回路の電力 P について考えると、図 (a) では

$$P = E_1 I_a + E_2 I_b = \mathbf{I_t E} \quad \cdots\cdots\cdots\cdots\cdots\cdots\cdots\cdots (2\text{-}55)$$

図 (b) では、

$$P' = E_1 I_\alpha + E_2(-I_\alpha - I_\beta) = (E_1 - E_2)I_\alpha - E_2 I_\beta = \mathbf{I'}_t \mathbf{E'} \quad \cdots \quad (2\text{-}56)$$

P を変形すると

$$P = \mathbf{I}_t \mathbf{E} = (\mathbf{CI'})_t \mathbf{E} = \mathbf{I'}_t \mathbf{C}_t \mathbf{E} = \mathbf{I'}_t \mathbf{E'} = P' \quad \cdots\cdots\cdots\cdots\cdots\cdots (2\text{-}57)$$

となり、電力は等しい、つまり変化ないことが分かる。以上は、直流の場合であるが、交流についても同様に扱うことができる。ただし、交流電力は電流を共役複素数として、その実部が有効電力になるので、以下のようにすればよい。

$$P = \mathbf{I}_t^* \mathbf{E} = (\mathbf{CI'})_t^* \mathbf{E} = \mathbf{I'}_t^* \mathbf{C}_t^* \mathbf{E} = \mathbf{I'}_t^* \mathbf{E'} \quad \cdots\cdots\cdots\cdots\cdots\cdots (2\text{-}58)$$

以上のように、電流のとり方を変えても同じ結果となるのは当然であり、よく知られたことである。まとめると
ある座標で、$\mathbf{E} = \mathbf{ZI}$、別の座標で $\mathbf{E'} = \mathbf{Z'I'}$ が成り立ち、$\mathbf{I} = \mathbf{CI'}$ が存在すれば、

$$\mathbf{E'} = \mathbf{C}_t^* \mathbf{E} \quad \cdots\cdots\cdots\cdots\cdots\cdots\cdots\cdots\cdots\cdots\cdots\cdots\cdots\cdots (2\text{-}59)$$

$$\mathbf{Z'} = \mathbf{X}_t^* \mathbf{Z} \mathbf{C} \quad \cdots\cdots\cdots\cdots\cdots\cdots\cdots\cdots\cdots\cdots\cdots\cdots\cdots (2\text{-}60)$$

の関係が成り立つ。ただし $\mathbf{C}_t^*$ は転置共役行列である。

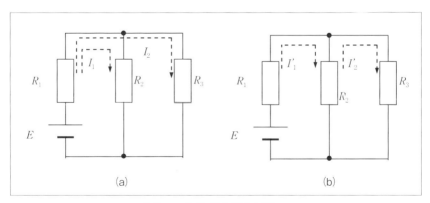

〔図2-22〕簡単な電気回路2

【問 2-3】

図 2-22 (a) において、

$$\begin{pmatrix} E \\ E \end{pmatrix} = \begin{bmatrix} R_1 + R_2 & R_1 \\ R_1 & R_1 + R_3 \end{bmatrix} \begin{pmatrix} I_1 \\ I_2 \end{pmatrix}$$

が成立する。図 (b) のようにとった電流との関係は

$$\begin{pmatrix} I_1 \\ I_2 \end{pmatrix} = \begin{bmatrix} 1 & -1 \\ 0 & 1 \end{bmatrix} \begin{pmatrix} I'_1 \\ I'_2 \end{pmatrix}$$

である。式 (2-59) および式 (2-60) を用いて、図 (b) の回路方程式を機械的に求めよ。

【解】

式 (2-59) を用いると

$$\mathbf{E'} = \mathbf{C}_t^* \mathbf{E} = \begin{bmatrix} 1 & 0 \\ -1 & 1 \end{bmatrix} \begin{pmatrix} E \\ E \end{pmatrix} = \begin{pmatrix} E \\ 0 \end{pmatrix}$$

式 (2-60) を用いると

$$\mathbf{Z'} = \mathbf{C}_t^* \mathbf{Z} \mathbf{C} = \begin{bmatrix} R_1 + R_2 & -R_2 \\ -R_2 & R_2 + R_3 \end{bmatrix}$$

従って図 (b) の電圧方程式は

$$\begin{pmatrix} E \\ 0 \end{pmatrix} = \begin{bmatrix} R_1 + R_2 & -R_2 \\ -R_2 & R_2 + R_3 \end{bmatrix} \begin{pmatrix} I'_1 \\ I'_2 \end{pmatrix}$$

となる。この式は図 (b) より容易に導出することができる。　【解終了】

もう少し役立ちそうな変圧器の等価回路について説明する。変圧器とは、2つあるいはそれ以上の巻線が鉄心に巻かれた機器であり、高電圧、小電流の電力を同一周波数の低電圧、大電流の電力に、またはその逆に変換する装置である。そのため、送配電系統から家電製品にいたるまで広

く使用されている。その構成を図2-23に示す。電源側である1次巻線の巻数をN_1、出力側である2次巻線の巻数をN_2とする。r_1、r_2はそれぞれの巻線の抵抗、Z_Lは負荷のインピーダンスである。ここでは、簡単のために鉄心内に磁束を作るのに必要な励磁電流を表す成分と鉄心内の鉄損（渦電流損とヒステリシス損）を表す成分は無視している。その回路方程式は

$$\begin{pmatrix} V_1 \\ 0 \end{pmatrix} = \begin{bmatrix} r_1 + j\omega L_1 & -j\omega M \\ -j\omega M & r_2 + j\omega L_2 + Z_L \end{bmatrix} \begin{pmatrix} I_1 \\ I_2 \end{pmatrix} \quad \cdots\cdots\cdots\cdots (2\text{-}61)$$

となるので、変換行列を以下のように取る。

$$\begin{pmatrix} I_1 \\ I_2 \end{pmatrix} = \begin{bmatrix} \alpha & 0 \\ 0 & \beta \end{bmatrix} \begin{pmatrix} I_1' \\ I_2' \end{pmatrix} \quad \cdots\cdots\cdots\cdots\cdots\cdots (2\text{-}62)$$

$$\mathbf{C} = \begin{bmatrix} \alpha & 0 \\ 0 & \beta \end{bmatrix}$$

E'、**Z'**を求めると

$$\mathbf{E'} = \begin{pmatrix} E_1' \\ E_2' \end{pmatrix} = \mathbf{C}_t^* \mathbf{E} = \begin{pmatrix} \alpha V_1 \\ 0 \end{pmatrix}$$

$$\mathbf{Z'} = \mathbf{C}_t^* \mathbf{Z} \mathbf{C} = \begin{bmatrix} \alpha & 0 \\ 0 & \beta \end{bmatrix} \begin{bmatrix} r_1 + j\omega L_1 & -j\omega M \\ -j\omega M & r_2 + j\omega L_2 + Z_L \end{bmatrix} \begin{bmatrix} \alpha & 0 \\ 0 & \beta \end{bmatrix}$$

$$= \begin{bmatrix} \alpha^2 (r_1 + j\omega L_1) & -j\alpha\beta\omega M \\ -j\alpha\beta\omega M & \beta^2 (r_2 + j\omega L_2 + Z_L) \end{bmatrix}$$

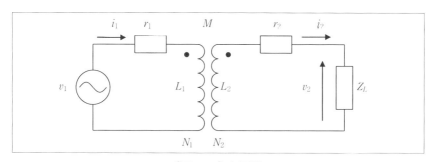

〔図2-23〕変圧器

となるので、変換された電圧方程式は以下となる。

$$\therefore \begin{pmatrix} \alpha V_1 \\ 0 \end{pmatrix} = \begin{bmatrix} \alpha^2(r_1 + j\omega L_1) & -j\alpha\beta\omega M \\ -j\alpha\beta\omega M & \beta^2(r_2 + j\omega L_2 + Z_L) \end{bmatrix} \begin{pmatrix} I_1' \\ I_2' \end{pmatrix} \quad (2\text{-}63)$$

この式を回路で表すと図2-24（a）となる。

式（2-63）および図2-24（a）において、αとβを任意に選ぶことによりいくつかの等価回路が得られることを示そう。第1候補として、$\alpha=1$、$\beta=N_1/N_2=a$を選ぶと、図2-24（b）となる。ただし、

$l_1 = L_1 - L_{01}$
$l_2 = L_2 - L_{02}$
$L_{01} = aM$
$L_{02} = M/a$

この回路は良く知られた、2次を1次に換算した変圧器の等価回路である。

第2候補として、$\alpha=N_2/N_1=1/a$、$\beta=1$を選ぶと、図2-24（c）となる。この回路も良く知られた、1次を2次に換算した変圧器の等価回路である。更に、$\alpha=1$、$\beta=L_1/M\equiv k$を選ぶと、図2-24（d）となる。これは、3つのインダクタンスを2つにまとめた新しい回路ということができる。

これから扱う三相の電動機の場合に有用な座標変換として、以下の2つがある。1つは、三相電動機のu, v, wの対称三相巻線を二相電動機のように考えたα、βの直交2巻線軸に変換する$\mathbf{C}_1$である。

$$\begin{Bmatrix} i_u \\ i_v \\ i_w \end{Bmatrix} = \mathbf{C}_1 \begin{Bmatrix} i_\alpha \\ i_\beta \\ i_0 \end{Bmatrix} \quad \cdots\cdots\cdots\cdots\cdots\cdots\cdots\cdots\cdots\cdots\cdots (2\text{-}64)$$

$$\mathbf{C}_1 = \sqrt{\frac{2}{3}} \begin{bmatrix} 1 & 0 & 1/\sqrt{2} \\ -1/2 & \sqrt{3}/2 & 1/\sqrt{2} \\ -1/2 & -\sqrt{3}/2 & 1/\sqrt{2} \end{bmatrix} \quad \cdots\cdots\cdots\cdots\cdots (2\text{-}65)$$

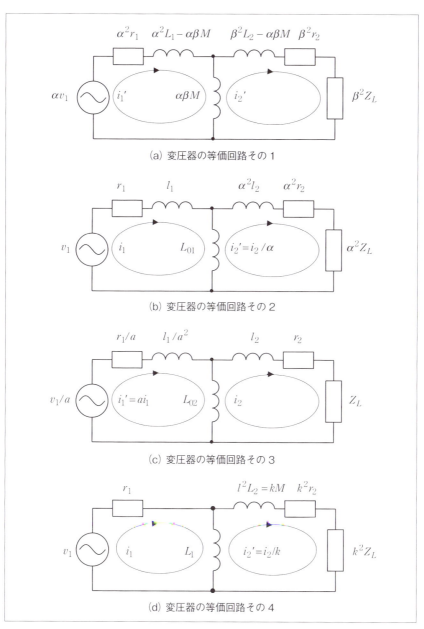

〔図 2-24〕変圧器の等価回路

あるいは

$$\begin{Bmatrix} i_\alpha \\ i_\beta \\ i_0 \end{Bmatrix} = \mathbf{C}_{1\mathbf{t}}^* \begin{Bmatrix} i_u \\ i_v \\ i_w \end{Bmatrix} \quad \cdots\cdots\cdots\cdots\cdots\cdots\cdots\cdots \quad (2\text{-}66)$$

$$\mathbf{C}_{1\mathbf{t}}^* = \sqrt{\frac{2}{3}} \begin{bmatrix} 1 & -1/2 & -1/2 \\ 0 & \sqrt{3}/2 & -\sqrt{3}/2 \\ 1/\sqrt{2} & 1/\sqrt{2} & 1/\sqrt{2} \end{bmatrix} \quad \cdots\cdots\cdots\cdots\cdots \quad (2\text{-}67)$$

ただし、$i_0=0$ のときは $\mathbf{C}_1$ の3列目、および $\mathbf{C}_{1\mathbf{t}}^*$ の3行目を省略することができる。

電動機は固定された部分と回転する部分を持っている。それらをともに回転する直交座標あるいは固定された直交座標へ変換するのが dq 変換である。ただし、q 軸は d 軸に対して $\pi/2$ 進んだ位相にある軸とする。例えば、図2-25は静止してる α、β の直交2巻線軸と回転する直交2巻線軸 d, q の関係を示しているが、その変換行列 $\mathbf{C}_2$ は下記のように表すことができる。

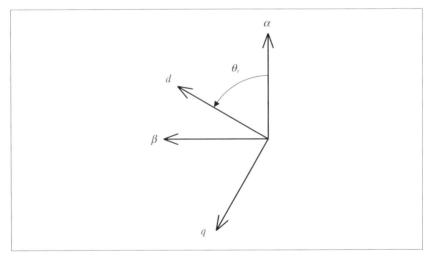

〔図2-25〕固定した $\alpha\beta$ 座標と回転する d, q 座標

$$\begin{Bmatrix} i_\alpha \\ i_\beta \end{Bmatrix} = \mathbf{C}_2 \begin{Bmatrix} i_d \\ i_q \end{Bmatrix} \quad \cdots\cdots\cdots\cdots\cdots\cdots\cdots\cdots\cdots\cdots\cdots\cdots\cdots\cdots (2\text{-}68)$$

$$\mathbf{C}_2 = \begin{bmatrix} \cos\theta_r & -\sin\theta_r \\ \sin\theta_r & \cos\theta_r \end{bmatrix} \quad \cdots\cdots\cdots\cdots\cdots\cdots\cdots\cdots\cdots\cdots (2\text{-}69)$$

$$\theta_r = \int \omega_r dt \quad \cdots\cdots\cdots\cdots\cdots\cdots\cdots\cdots\cdots\cdots\cdots\cdots\cdots\cdots\cdots\cdots (2\text{-}70)$$

あるいは

$$\begin{Bmatrix} i_d \\ i_q \end{Bmatrix} = \mathbf{C}_{2\mathbf{t}}^* \begin{Bmatrix} i_\alpha \\ i_\beta \end{Bmatrix} \quad \cdots\cdots\cdots\cdots\cdots\cdots\cdots\cdots\cdots\cdots\cdots\cdots (2\text{-}71)$$

$$\mathbf{C}_{2\mathbf{t}}^* = \begin{bmatrix} \cos\theta_r & \sin\theta_r \\ -\sin\theta_r & \cos\theta_r \end{bmatrix} \quad \cdots\cdots\cdots\cdots\cdots\cdots\cdots\cdots\cdots (2\text{-}72)$$

(2) 誘導電動機の座標変換

　前述したように、ベクトル制御とは交流電動機の制御方法の一つであり、電流を磁束に相当する電流成分とトルクに相当する電流成分の2成分に分けて、それぞれの電流成分を独立に制御する方式のことである。これを行うには、図2-12の回路に対する電圧方程式式(2-16)に座標変換を施す。それには、式(2-67)で表される u, v, w の対称三相巻線を α、β の直交2巻線軸に変換する変換行列を $\mathbf{C}_{\alpha\beta}$ とする。ただし、式(2-67)の3行目は省略し、固定子と回転子別々にこの変換を施すので以下となる。

$$\mathbf{C}_{\alpha\beta} = \sqrt{\frac{2}{3}} \begin{bmatrix} 1 & -1/2 & -1/2 & 0 & 0 & 0 \\ 0 & \sqrt{3}/2 & -\sqrt{3}/2 & 0 & 0 & 0 \\ 0 & 0 & 0 & 1 & -1/2 & -1/2 \\ 0 & 0 & 0 & 0 & \sqrt{3}/2 & -\sqrt{3}/2 \end{bmatrix} \quad \cdots (2\text{-}73)$$

　次に、固定された直交2軸をもつ dq 座標に変換する。後述する同期電動機の場合は界磁の向きを d 軸にとるが、誘導電動機の場合はどこに

とってもよい。ここでは固定子の u 相（α 相）を d 軸とする。このようにとると固定子については変換なしとなる。回転子については、図 2-25 において固定している $\alpha\beta$ 軸が dq 座標になり、回転している dq 軸が $\alpha\beta$ 座標になると考えて変換行列は次式となる。

$$\mathbf{C}_{dq} = \begin{bmatrix} 1 & 0 & 0 & 0 \\ 0 & 1 & 0 & 0 \\ 0 & 0 & \cos\theta_r & -\sin\theta_r \\ 0 & 0 & \sin\theta_r & \cos\theta_r \end{bmatrix} \quad \cdots\cdots\cdots\cdots\cdots\cdots (2\text{-}74)$$

この式を用いて変換つまり、固定子の u 相（α 相）を d 軸とした場合、後述するように電圧、電流は電源の各周波数 ω の交流となる。そして電圧の合成ベクトルあるいは電流の合成ベクトルは ω で回転する円を描く。制御を行う場合、電圧と電流が両方とも直流であると扱いが容易となる。これを行うのが $\gamma\delta$ 座標であり、合成ベクトルと同じ ω で回転する座標系とすればよい。つまり、図 2-25 において固定している $\alpha\beta$ 軸が dq 座標になり、回転している dq 軸が $\gamma\delta$ 座標になると考え、更に θ_r 変換行列は次式となる。

$$\mathbf{C}_{\gamma\delta} = \begin{bmatrix} \cos\theta & \sin\theta & 0 & 0 \\ -\sin\theta & \cos\theta & 0 & 0 \\ 0 & 0 & \cos\theta & \sin\theta \\ 0 & 0 & -\sin\theta & \cos\theta \end{bmatrix} \quad \cdots\cdots\cdots\cdots (2\text{-}75)$$

式 (2-16) を $\mathbf{v} = \mathbf{Z}\mathbf{i}$ とした場合、上の 3 変換を行うには、

$$\mathbf{C}_{\gamma\delta}\mathbf{C}_{dq}\mathbf{C}_{\alpha\beta}\mathbf{v} = \mathbf{C}_{\gamma\delta}\mathbf{C}_{dq}\mathbf{C}_{\alpha\beta}\mathbf{Z}\mathbf{C}_{\alpha\beta,t}\mathbf{C}_{dq,t}\mathbf{C}_{\gamma\delta,t} \quad \mathbf{C}_{\gamma\delta}\mathbf{C}_{dq}\mathbf{C}_{\alpha\beta}\mathbf{i} \quad (2\text{-}76)$$

を行えばよい。この計算はかなり煩雑であるので結果だけを示す。

$$\begin{Bmatrix} v_{\gamma s} \\ v_{\delta s} \\ 0 \\ 0 \end{Bmatrix} = \begin{bmatrix} R_s + PL_s & -\omega L_s & PM & -\omega M \\ \omega L_s & R_s + PL_s & \omega M & PM \\ PM & -(\omega - \omega_r)M & R_r + PL_r & -(\omega - \omega_r)L_r \\ (\omega - \omega_r)M & PM & (\omega - \omega_r)L_r & R_r + PL_r \end{bmatrix} \begin{Bmatrix} i_{\gamma s} \\ i_{\delta s} \\ i_{\gamma r} \\ i_{\delta r} \end{Bmatrix}$$

$\cdots$ (2-77)

ここで、$v_{\gamma s}, v_{\delta s}, i_{\gamma s}, i_{\delta s}, i_{\gamma r}, i_{\delta r}$ は γ 軸固定子電圧、δ 軸固定子電圧、γ 軸固定子電流、δ 軸固定子電流、γ 軸回転子電流、δ 軸回転子電流である。式 (2-77) が $i_{\gamma s}, i_{\delta s}, i_{\gamma r}, i_{\delta r}$ を状態変数にした誘導電動機の式であり、$v_{\gamma s}, v_{\delta s}, i_{\gamma s}, i_{\delta s}, i_{\gamma r}, i_{\delta r}$ が直流となるので、制御を行う上で扱いやすくなる。

【問 2-4】
式 (2-77) において、$v_{\gamma s}, v_{\delta s}, i_{\gamma r}, i_{\delta r}$ が直流となることを示せ。

【解】
式 (2-73)、(2-74)、(2-75) より、それらの変換行列は右上側と左下側が 0 であるので、固定子と回転子はお互いに影響しないので、別々に扱うことができる。固定子電圧を以下のように

$$\begin{Bmatrix} v_{us} \\ v_{vs} \\ v_{ws} \end{Bmatrix} = \sqrt{2}V \begin{Bmatrix} \sin(\omega t) \\ \sin(\omega t - 2\pi/3) \\ \sin(\omega t - 4\pi/3) \end{Bmatrix}$$

として、$\mathbf{C}_{\alpha\beta}$ の 1、2 行目と 1、2、3 列目を用いると

$$\begin{Bmatrix} v_{\alpha s} \\ v_{\beta s} \end{Bmatrix} = \sqrt{\frac{2}{3}} \begin{bmatrix} 1 & -1/2 & -1/2 \\ 0 & \sqrt{3}/2 & -\sqrt{3}/2 \end{bmatrix} \sqrt{2}V \begin{Bmatrix} \sin(\omega t) \\ \sin(\omega t - 2\pi/3) \\ \sin(\omega t - 4\pi/3) \end{Bmatrix}$$

$$= \sqrt{3}V \begin{Bmatrix} \sin\omega t \\ -\cos\omega t \end{Bmatrix}$$

$\mathbf{C}_{dq}$ の 1、2 行目と 1、2、3 列目を用いると

$$\begin{Bmatrix} v_{ds} \\ v_{qs} \end{Bmatrix} = \begin{bmatrix} 1 & 0 \\ 0 & 1 \end{bmatrix} \sqrt{3}V \begin{Bmatrix} \sin\omega t \\ -\cos\omega t \end{Bmatrix} = \sqrt{3}V \begin{Bmatrix} \sin\omega t \\ -\cos\omega t \end{Bmatrix}$$

$\mathbf{C}_{\gamma\delta}$ の 1、2 行目と 1、2 列目を用いると

$$\begin{Bmatrix} v_{\gamma s} \\ v_{\delta s} \end{Bmatrix} = \begin{bmatrix} \cos\theta & \sin\theta \\ -\sin\theta & \cos\theta \end{bmatrix} \sqrt{3}V \begin{Bmatrix} \sin\omega t \\ -\cos\omega t \end{Bmatrix} = \sqrt{3}V \begin{Bmatrix} -\sin(\theta-\omega t) \\ -\cos(\theta-\omega t) \end{Bmatrix}$$

ここで、$\theta = \omega t + \theta_{s0}$ とおくと

$$\begin{Bmatrix} v_{\gamma s} \\ v_{\delta s} \end{Bmatrix} = \sqrt{3}V \begin{Bmatrix} -\sin(\omega t + \theta_{s0} - \omega t) \\ -\cos(\omega t + \theta_{s0} - \omega t) \end{Bmatrix} = -\sqrt{3}V \begin{Bmatrix} \sin(\theta_{s0}) \\ \cos(\theta_{s0}) \end{Bmatrix} \quad \cdots (2\text{-}78)$$

と時間成分 t を含まないので、直流であることが分かる。

　同様に、回転子電流について考える。式 (2-18) に示したように、回転子巻線に流れる電流の角周波数 ω_s は $\omega_s = \omega - \omega_r$ である。ここでは下付 s をステータの s と混同しないように、$\omega_s = s\omega$ を用いて

$$\begin{Bmatrix} i_{ur} \\ i_{vr} \\ i_{wr} \end{Bmatrix} = \sqrt{2}I \begin{Bmatrix} \sin(s\omega t + \theta_{r0}) \\ \sin(s\omega t + \theta_{r0} - 2\pi/3) \\ \sin(s\omega t + \theta_{r0} - 4\pi/3) \end{Bmatrix}$$

として、$\mathbf{C}_{\alpha\beta}$ の 3、4 行目と 4、5、6 列目を用いると

$$\begin{Bmatrix} i_{\alpha r} \\ i_{\beta r} \end{Bmatrix} = \sqrt{\frac{2}{3}} \begin{bmatrix} 1 & -1/2 & -1/2 \\ 0 & \sqrt{3}/2 & -\sqrt{3}/2 \end{bmatrix} \sqrt{2}I \begin{Bmatrix} \sin(s\omega t + \theta_{r0}) \\ \sin(s\omega t + \theta_{r0} - 2\pi/3) \\ \sin(s\omega t + \theta_{r0} - 4\pi/3) \end{Bmatrix}$$

$$= \sqrt{3}I \begin{Bmatrix} \sin(s\omega t + \theta_{r0}) \\ -\cos(s\omega t + \theta_{r0}) \end{Bmatrix}$$

$\mathbf{C}_{dq}$ の 3、4 行目と 4、5、6 列目を用いると

$$\begin{Bmatrix} i_{dr} \\ i_{qr} \end{Bmatrix} = \begin{bmatrix} \cos\theta_r & -\sin\theta_r \\ \sin\theta_r & \cos\theta_r \end{bmatrix} \sqrt{3}I \begin{Bmatrix} \sin(s\omega t + \theta_{r0})t \\ -\cos(s\omega t + \theta_{r0}) \end{Bmatrix}$$

$$= \sqrt{3}I \begin{Bmatrix} \sin(\theta_r + s\omega t + \theta_{r0}) \\ -\cos(\theta_r + s\omega t + \theta_{r0}) \end{Bmatrix}$$

ここで、$\theta_r = \omega_r t$ とおく。式 (2-18) より $\omega_r + s\omega = \omega$ であるので、

$$\begin{Bmatrix} i_{dr} \\ i_{qr} \end{Bmatrix} = \sqrt{3}I \begin{Bmatrix} \sin(\omega t + \theta_{r0}) \\ -\cos(\omega t + \theta_{r0}) \end{Bmatrix}$$

$\mathbf{C}_{\gamma\delta}$ の 3、4 行目と 3、4 列目を用いると

$$\begin{Bmatrix} i_{\gamma r} \\ i_{\delta r} \end{Bmatrix} = \begin{bmatrix} \cos\theta & \sin\theta \\ -\sin\theta & \cos\theta \end{bmatrix} \sqrt{3}I \begin{Bmatrix} \sin(\omega t + \theta_{r0}) \\ -\cos(\omega t + \theta_{r0}) \end{Bmatrix}$$

$$= \sqrt{3}I \begin{Bmatrix} -\sin(\theta - \omega t - \theta_{r0}) \\ -\cos(\theta - \omega t - \theta_{r0}) \end{Bmatrix}$$

ここで、$\theta = \omega t + \theta_{s0}$ とおくと

$$\begin{Bmatrix} i_{\gamma r} \\ i_{\delta r} \end{Bmatrix} = \sqrt{3}I \begin{Bmatrix} -\sin(\omega t + \theta_{s0} - \omega t - \theta_{r0}) \\ -\cos(\omega t + \theta_{s0} - \omega t - \theta_{r0}) \end{Bmatrix} = -\sqrt{3}I \begin{Bmatrix} \sin(\theta_{s0} - \theta_{r0}) \\ \cos(\theta_{s0} - \theta_{r0}) \end{Bmatrix}$$

$$\cdots (2\text{-}79)$$

と時間成分 t を含まないので、直流であることが分かる。　【解終了】

(3) 別の状態変数を用いた回路方程式

　誘導電動機の動特性を扱う基礎式として、固定子電流と回転子電流 $i_{\gamma s}, i_{\delta s}, i_{\gamma r}, i_{\delta r}$ を用いた回路方程式は式 (2-77) で表されることを示した。ここでは、制御の容易な固定子電流と回転子磁束 $i_{\gamma s}, i_{\delta s}, \phi_{\gamma r}, \phi_{\delta r}$、あるいは固定子磁束と回転子磁束 $\phi_{\gamma s}, \phi_{\delta s}, \phi_{\gamma r}, \phi_{\delta r}$ を状態変数とした状態方程式を求めよう。

　回転子磁束 $\phi_{\gamma r}, \phi_{\delta r}$ と電流 $i_{\gamma s}, i_{\delta s}, i_{\gamma r}, i_{\delta r}$ の関係は

$$\phi_{\gamma r} = Mi_{\gamma s} + L_r i_{\gamma r} \quad \cdots\cdots\cdots\cdots\cdots\cdots\cdots\cdots\cdots\cdots\cdots\cdots\cdots (2\text{-}80)$$

$$\phi_{\delta r} = Mi_{\delta s} + L_r i_{\delta r} \quad \cdots\cdots\cdots\cdots\cdots\cdots\cdots\cdots\cdots\cdots\cdots\cdots\cdots (2\text{-}81)$$

と表されるので、

$$i_{\gamma r} = \frac{1}{L_r}\phi_{\gamma r} - \frac{M}{L_r}i_{\gamma s} \quad \cdots\cdots\cdots\cdots\cdots\cdots\cdots\cdots\cdots\cdots\cdots (2\text{-}82)$$

$$i_{\delta r} = \frac{1}{L_r}\phi_{\delta r} - \frac{M}{L_r}i_{\delta s} \quad \cdots\cdots\cdots\cdots\cdots\cdots\cdots\cdots\cdots\cdots\cdots (2\text{-}83)$$

を式 (2-77) に代入し、状態変数 $i_{\gamma s}, i_{\delta s}, \phi_{\gamma r}, \phi_{\delta r}$ の微分を左辺に持っていくと

$$\begin{bmatrix} L_s - M^2/L_r & 0 & M/L_r & 0 \\ 0 & L_s - M^2/L_r & 0 & M/L_r \\ 0 & 0 & 1 & 0 \\ 0 & 0 & 0 & 1 \end{bmatrix} \begin{Bmatrix} \dot{i}_{\gamma s} \\ \dot{i}_{\delta s} \\ \dot{\phi}_{\gamma r} \\ \dot{\phi}_{\delta r} \end{Bmatrix}$$

$$= -\begin{bmatrix} R_s & -\omega(L_s - M^2/L_r) & 0 & -\omega M/L_r \\ \omega(L_s - M^2/L_r) & R_s & \omega M/L_r & 0 \\ -R_r M/L_r & 0 & R_r/L_r & -(\omega-\omega_r) \\ 0 & -R_r M/L_r & (\omega-\omega_r) & R_r/L_r \end{bmatrix} \begin{Bmatrix} i_{\gamma s} \\ i_{\delta s} \\ \phi_{\gamma r} \\ \phi_{\delta r} \end{Bmatrix} + \begin{Bmatrix} v_{\gamma s} \\ v_{\delta s} \\ 0 \\ 0 \end{Bmatrix}$$

$$\cdots (2\text{-}84)$$

ここで、4 行 4 列の逆行列の公式を使って整理すると

$$
\begin{Bmatrix} \dot{i}_{\gamma s} \\ \dot{i}_{\delta s} \\ \dot{\phi}_{\gamma r} \\ \dot{\phi}_{\delta r} \end{Bmatrix} = -\begin{bmatrix} -\dfrac{R_s}{AL_s} - \dfrac{R_r(1-A)}{AL_r} & \omega & \dfrac{MR_r}{AL_sL_r^2} & \dfrac{\omega_r M}{AL_sL_r} \\ -\omega & -\dfrac{R_s}{AL_s} - \dfrac{R_r(1-A)}{AL_r} & -\dfrac{\omega_r M}{AL_sL_r} & \dfrac{MR_r}{AL_sL_r^2} \\ \dfrac{R_r M}{L_r} & 0 & -\dfrac{R_r}{L_r} & (\omega-\omega_r) \\ 0 & \dfrac{R_r M}{L_r} & -(\omega-\omega_r) & -\dfrac{R_r}{L_r} \end{bmatrix} \begin{Bmatrix} i_{\gamma s} \\ i_{\delta s} \\ \phi_{\gamma r} \\ \phi_{\delta r} \end{Bmatrix} + \begin{Bmatrix} v_{\gamma s} \\ v_{\delta s} \\ 0 \\ 0 \end{Bmatrix}
$$

$\cdots$ (2-85)

ただし、

$$ A = 1 - \dfrac{M^2}{L_s L_r} $$

である。この式が $i_{\gamma s}, i_{\delta s}, \phi_{\gamma r}, \phi_{\delta r}$ を状態変数にした誘導電動機の式である。

また、固定子磁束 $\phi_{\gamma s}, \phi_{\delta s}$ と電流 $i_{\gamma s}, i_{\delta s}, i_{\gamma r}, i_{\delta r}$ の関係は

$$ \phi_{\gamma s} = L_s i_{\gamma s} + M i_{\gamma r} \quad \cdots\cdots\cdots\cdots\cdots\cdots (2\text{-}86) $$

$$ \phi_{\delta s} = L_s i_{\delta s} + M i_{\delta r} \quad \cdots\cdots\cdots\cdots\cdots\cdots (2\text{-}87) $$

と表されるので、式 (2-80)、(2-81)、(2-86)、(2-87) より

$$
\begin{Bmatrix} \phi_{\gamma s} \\ \phi_{\delta s} \\ \phi_{\gamma r} \\ \phi_{\delta r} \end{Bmatrix} = \begin{bmatrix} L_s & 0 & M & 0 \\ 0 & L_s & 0 & M \\ M & 0 & L_r & 0 \\ 0 & M & 0 & L_r \end{bmatrix} \begin{Bmatrix} i_{\gamma s} \\ i_{\delta s} \\ i_{\gamma r} \\ i_{\delta r} \end{Bmatrix} \quad \cdots\cdots\cdots\cdots (2\text{-}88)
$$

4行4列の逆行列の公式を使うと

$$\begin{Bmatrix} i_{\gamma s} \\ i_{\delta s} \\ i_{\gamma r} \\ i_{\delta r} \end{Bmatrix} = \frac{1}{L_s L_r - M^2} \begin{bmatrix} L_r & 0 & -M & 0 \\ 0 & L_r & 0 & -M \\ -M & 0 & L_s & 0 \\ 0 & -M & 0 & L_s \end{bmatrix} \begin{Bmatrix} \phi_{\gamma s} \\ \phi_{\delta s} \\ \phi_{\gamma r} \\ \phi_{\delta r} \end{Bmatrix} \quad \cdots (2\text{-}89)$$

となるので、これを式 (2-77) に代入すると、次式が得られる。

$$\begin{Bmatrix} \dot{\phi}_{\gamma s} \\ \dot{\phi}_{\delta s} \\ \dot{\phi}_{\gamma r} \\ \dot{\phi}_{\delta r} \end{Bmatrix} = \begin{bmatrix} 0 & \omega & 0 & 0 \\ -\omega & 0 & 0 & 0 \\ 0 & 0 & 0 & \omega - \omega_r \\ 0 & 0 & -(\omega - \omega_r) & 0 \end{bmatrix} \begin{Bmatrix} \phi_{\gamma s} \\ \phi_{\delta s} \\ \phi_{\gamma r} \\ \phi_{\delta r} \end{Bmatrix} + \begin{Bmatrix} v_{\gamma s} - R_s i_{\gamma s} \\ v_{\delta s} - R_s i_{\delta s} \\ -R_r i_{\gamma r} \\ -R_r i_{\delta r} \end{Bmatrix}$$

$$\cdots (2\text{-}90)$$

ただし、抵抗の電圧降下は電流を用いて表している。

ここで、後述する相互インダクタンス M を流れる次式の電流 $i_{\gamma m}, i_{\delta m}$

$$i_{\gamma m} = i_{\gamma s} + i_{\gamma r} \quad \cdots\cdots\cdots\cdots\cdots\cdots\cdots\cdots\cdots\cdots (2\text{-}91)$$

$$i_{\delta m} = i_{\delta s} + i_{\delta r} \quad \cdots\cdots\cdots\cdots\cdots\cdots\cdots\cdots\cdots\cdots (2\text{-}92)$$

を用い、さらに自己インダクタンスをもれインダクタンスと相互インダクタンスを用いて

$$L_s = l_s + M$$
$$L_r = l_r + M$$

で表すと次式が得られる。

$$\begin{Bmatrix} \dot{\phi}_{\gamma s} \\ \dot{\phi}_{\delta s} \\ \dot{\phi}_{\gamma r} \\ \dot{\phi}_{\delta r} \end{Bmatrix} = \begin{bmatrix} -\dfrac{R_s}{l_s} & \omega & 0 & 0 & \dfrac{R_s M}{l_s} & 0 \\ -\omega & -\dfrac{R_s}{l_s} & 0 & 0 & 0 & \dfrac{R_s M}{l_s} \\ 0 & 0 & -\dfrac{R_r}{l_r} & \omega - \omega_r & \dfrac{R_r M}{l_r} & 0 \\ 0 & 0 & -(\omega - \omega_r) & -\dfrac{R_r}{l_r} & 0 & \dfrac{R_r M}{l_r} \end{bmatrix} \begin{Bmatrix} \phi_{\gamma s} \\ \phi_{\delta s} \\ \phi_{\gamma r} \\ \phi_{\delta r} \\ i_{\gamma m} \\ i_{\delta m} \end{Bmatrix} + \begin{Bmatrix} v_{\gamma s} \\ v_{\delta s} \\ 0 \\ 0 \end{Bmatrix}$$

$$\cdots (2\text{-}93)$$

この式 (2-90) あるいは式 (2-93) が $\phi_{\gamma s}, \phi_{\delta s}, \phi_{\gamma r}, \phi_{\delta r}$ を状態変数にした誘導電動機の式である。ただし、これらは状態変数 $\phi_{\gamma s}, \phi_{\delta s}, \phi_{\gamma r}, \phi_{\delta r}$ と入力電圧 $v_{\gamma s}, v_{\delta s}$ の他に電流成分を含んでおり、一般的な状態方程式ではない。これは後述する鉄損を考慮した場合に使用するために、鉄損を考慮しない場合として表した式である。

(4) γδ軸等価回路

固定子電流と回転子電流 $i_{\gamma s}, i_{\delta s}, i_{\gamma r}, i_{\delta r}$ を用いた誘導電動機の動特性を扱う基礎式である式 (2-77) の1行目と3行目および式 (2-81) と (2-87) で表される磁束 $\phi_{\delta s}, \phi_{\delta r}$ を用いると γ 軸等価回路は図 2-26 (a) のように表すことができる。また磁束を電流に分解して表すと図 2-27 (a) のようになる。同様に、δ 軸等価回路については、式 (2-77) の2行目と4行目および式 (2-80) と (2-86) で表される磁束 $\phi_{\gamma s}, \phi_{\gamma r}$ を用いることによ

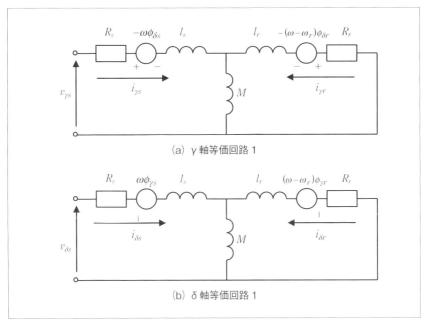

〔図 2-26〕誘導電動機の γδ 軸等価回路 1

り、図 2-26 (b) のように表すことができる。また磁束を電流に分解して表すと図 2-27 (b) のようになる。ここでは、図 2-26 を誘導電動機の $\gamma\delta$ 軸等価回路 1 と呼ぶことにする。

図 2-27 (a) において、$-\omega M i_{\delta s}$ と $-\omega M i_{\delta r}$ は固定子側と回転子側の両方にあるので、まとめて相互インダクタンス M の下に持っていき、更に $\omega_r L_r i_{\delta r}$ と $\omega_r M i_{\delta s}$ を式 (2-81) でまとめると、図 2-28 (a) が得られる。同様に、図 2-27 (b) において $-\omega M i_{\gamma s}$ と $-\omega M i_{\gamma r}$ 固定子側と回転子側の両方にあるので、まとめて相互インダクタンス M の下に持っていき、更に $\omega_r L_r i_{\gamma r}$ と $\omega_r M i_{\gamma s}$ を式 (2-80) でまとめると、図 2-28 (b) が得られる。図 2-28 を誘導電動機の $\gamma\delta$ 軸等価回路 2 と呼ぶことにする。$\gamma\delta$ 軸等価回路 2 においては、相互インダクタンス M に関する部分がまとめられている点に注意してほしい。

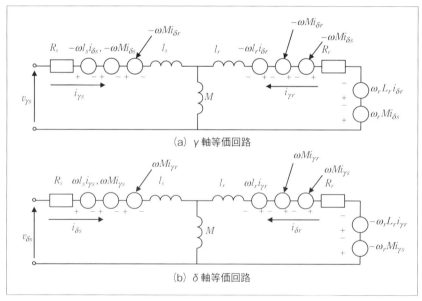

〔図 2-27〕誘導電動機の $\gamma\delta$ 軸等価回路 1 において起電力を分解した場合

(5) トルク

図2-28を用いてトルクについて考えよう。2-4ベクトル制御用回路方程式と等価回路の(1)座標変換でも説明したように、上述した座標変換を用いて求めた等価回路は電力が等しく不変であることを考慮して、$\gamma\delta$軸等価回路2で発生する出力P_oについて考える。起電力と電流の向きを考え、符号に注意すると

$$P_o = \left(\omega_r \phi_{\delta r} i_{\gamma r} - \omega_r \phi_{\gamma r} i_{\delta r}\right)$$
$$+ \left(-\omega M(i_{\delta s} + i_{\delta r})(i_{\gamma s} + i_{\gamma r}) + \omega M(i_{\gamma s} + i_{\gamma r})(i_{\delta s} + i_{\delta r})\right)$$
$$+ \left(-\omega l_s i_{\delta s} i_{\gamma s} - \omega l_r i_{\delta r} i_{\gamma r} + \omega l_s i_{\gamma s} i_{\delta s} + \omega l_r i_{\gamma r} i_{\delta s}\right)$$

第2項は$-\omega M(i_{\delta s}+i_{\delta r})$と$\omega M(i_{\gamma s}+i_{\gamma r})$で発生する電力であるが、その合計

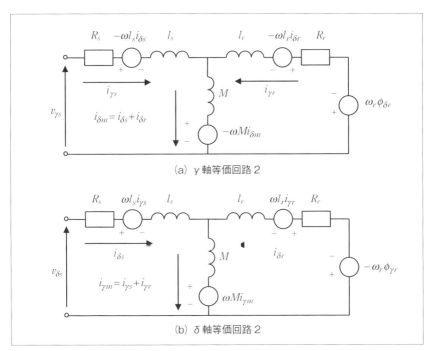

〔図2-28〕誘導電動機の$\gamma\delta$軸等価回路2

は0となる。また第3項は$-\omega l_s i_{\delta s}$, $-\omega l_s i_{\delta r}$, $\omega l_s i_{\gamma s}$, $\omega l_s i_{\gamma r}$で発生する電力であるが、その合計は0となる。結局、$\omega_r \phi_{\delta r}$と$-\omega_r \phi_{\gamma r}$で発生する電力のみとなる。式 (2-82) と (2-83) を代入すると

$$P_o = \frac{\omega_r M}{L_r}\left(\phi_{\gamma r} i_{\delta s} - \phi_{\delta r} i_{\gamma s}\right) \quad \cdots\cdots\cdots\cdots\cdots\cdots\cdots (2\text{-}94)$$

従って、トルクは

$$T = \frac{P_o}{\omega_r / p} = \frac{pM}{L_r}\left(\phi_{\gamma r} i_{\delta s} - \phi_{\delta r} i_{\gamma s}\right) \quad \cdots\cdots\cdots\cdots\cdots (2\text{-}95)$$

これが$i_{\gamma s}, i_{\delta s}, \phi_{\gamma r}, \phi_{\delta r}$を状態変数にしたトルク式で、式 (2-85) に対応する。

さらに式 (2-80) と (2-81) を代入すると

$$T = pM\left(i_{\delta s} i_{\gamma r} - i_{\gamma s} i_{\delta r}\right) \quad \cdots\cdots\cdots\cdots\cdots\cdots\cdots (2\text{-}96)$$

これが$i_{\gamma s}, i_{\delta s}, i_{\gamma r}, i_{\delta r}$を変数にしたトルク式で、式 (2-77) に対応する。

ここで、図2-28で示される$\gamma\delta$軸等価回路ではインダクタンス成分がγ軸、δ軸それぞれ3個で合計6個ある。一般に、インダクタンス個数が状態変数の個数となるが、式 (2-77) および式 (2-85) の状態変数の個数は4でインダクタンスの個数と異なる。これについて簡単に説明する。図2-28 (a) および (b) において、キルヒホッフの電流則より、3つのインダクタンスに流れる電流の代数和は0となるので、独立変数の数は2となる。γ、δ軸の合計で4となるため、状態変数の数は4となる。

また、別の見方をすると、図2-26は2-4 (1) 座標変換のところで説明した図2-24 (b) と同じであることが分かる。したがって、$\alpha=1, \beta=L_1/M\equiv k$を選ぶと、図2-24 (d) のように、2つのインダクタンス成分を持つ等価回路に変換できることは容易に想像できる。。なお、この変換を行った定常状態の等価回路は誘導電動機の**T-II型定常等価回路**として知られている。

2−5 MATLAB モデル
(1) 状態変数からブロック線図へ

誘導電動機の式として、$i_{\gamma s}, i_{\delta s}, \phi_{\gamma r}, \phi_{\delta r}$ を状態変数にした場合と $\phi_{\gamma s}, \phi_{\delta s}, \phi_{\gamma r}, \phi_{\delta r}$ を状態変数にした場合、式 (2-85) と式 (2-90) として求められた。状態方程式からブロック線図を求めるために、次式で表される簡単な状態方程式を用いてブロック線図の求め方を説明する。

$$\begin{Bmatrix} \dot{x}_1 \\ \dot{x}_2 \end{Bmatrix} = \begin{bmatrix} a_{11} & a_{12} \\ a_{21} & a_{22} \end{bmatrix} \begin{Bmatrix} x_1 \\ x_2 \end{Bmatrix} + \begin{Bmatrix} u_1 \\ u_2 \end{Bmatrix} \quad \cdots\cdots\cdots\cdots\cdots\cdots (2\text{-}97)$$

微分をラプラス演算子 s とすると、第1行目は

$$sx_1 = a_{11}x_1 + a_{12}x_2 + u_1$$
$$\therefore \quad x_1 = \frac{1}{s - a_{11}}(a_{12}x_2 + u_1)$$

この式を用いると、ブロック線図は図 2-29 (a) のようになる。また、次式を用いると

$$x_1 = \frac{1}{s}(a_{11}x_1 + a_{12}x_2 + u_1)$$

ブロック線図は図 2-29 (b) のようになる。この2つは同じものである。ここでは図 (a) を用いる。式 (2-97) の2行目についても同様に求めて、2つを合わせると図 2-29 (c) のようになる。

【問 2-5】
図 2-29 (a) と (b) が等しいことを示せ。
【解】
図 2-29 (b) において、ブロック $1/s$ の前の変数を x_3 とおくと

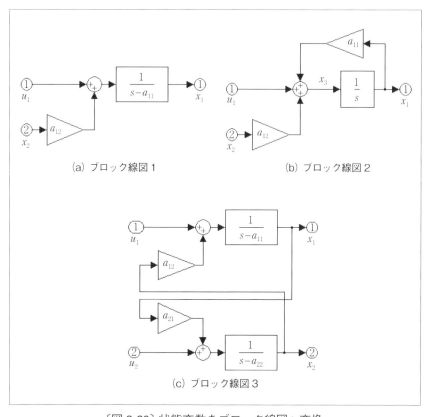

〔図2-29〕状態変数をブロック線図へ変換

$$x_3 = u_1 + a_{11}x_1 + a_{12}x_2$$
$$x_1 = \frac{1}{s}x_3 = \frac{1}{s}(u_1 + a_{11}x_1 + a_{12}x_2)$$
$$\therefore \quad x_1 = \frac{1}{s-a_{11}}(a_{12}x_2 + u_1)$$

と変形できるので、図2-29 (a) と一致する。　　　　　【解終了】

(2) 誘導電動機のブロック線図

ここでは、$\phi_{\gamma s}, \phi_{\delta s}, \phi_{\gamma r}, \phi_{\delta r}$ を状態変数にした式 (2-90) についてブロック図を描くために、状態変数 $\phi_{\gamma s}, \phi_{\delta s}, \phi_{\gamma r}, \phi_{\delta r}$ について、上述と同じ操作を行う。更に、相互インダクタンス M を流れる次式の電流 $i_{\gamma m}, i_{\delta m}$ については、式 (2-91) と (2-92) に式 (2-90) を代入することにより、図 2-30 (a) のようになる。ここで、入力は固定子巻線電圧と電源の角周波数 $v_{\gamma s}, v_{\delta s}, \omega$ である。さらに、発生トルク、運動方程式を追加し、固定子の電流 $i_{\gamma s}, i_{\delta s}$、回転角速度（機械角）$\omega_m$、発生トルク T、入力 P_{in}、固定子巻線抵抗の銅損 cop_s、回転子巻線抵抗の銅損 cop_r も出力するために、図 2-30 (b) を図 (a) に接続する。

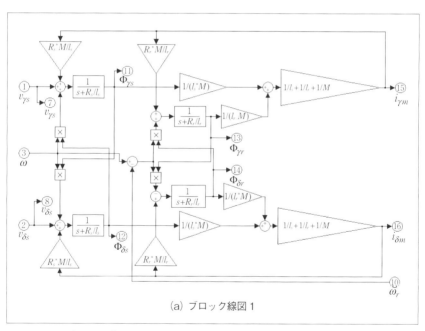

(a) ブロック線図 1

〔図 2-30〕$\gamma\delta$ 座標で表した誘導電動機のブロック線図

❖2章 誘導モータ

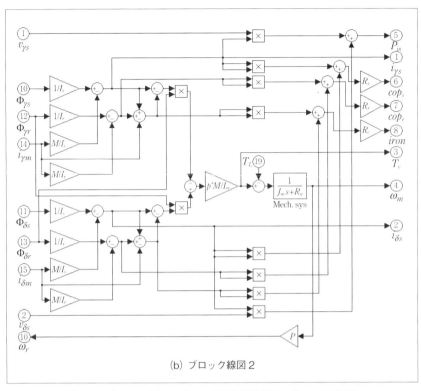

(b) ブロック線図2

〔図2-30〕γδ座標で表した誘導電動機のブロック線図

2-6　鉄損を考慮した場合の等価回路、回路方程式、MATLAB モデル

以上、三相誘導電動機の2軸の方程式、等価回路、MATLAB上でのブロック線図を求めたが、鉄損が無視されていた。ここでは、鉄損を考慮した場合の変更点について説明する。鉄損の考慮方法としては、図2-28に示される誘導電動機の $\gamma\delta$ 軸等価回路2において、M と $-\omega M(i_{\delta s}+i_{\delta r})$ の直列回路と並列に、あるいは M と $\omega M(i_{\gamma s}+i_{\gamma r})$ の直列回路と並列に鉄損抵抗 R_c を入れた図2-31の等価回路で考慮する。M に流れる電流を $i_{\gamma m}{}'$ と $i_{\gamma m}{}'$ のように「'」を付けて表すとすると、図2-28における電流の関係は、図2-31においては次のように変更すればよい。

$$i_{\gamma m}=i_{\gamma s}+i_{\gamma r} \quad \rightarrow \quad i_{\gamma m}{}'=i_{\gamma s}+i_{\gamma r}-i_{\gamma c} \quad \cdots\cdots\cdots\cdots\cdots (2\text{-}91')$$

$$i_{\delta m}=i_{\delta s}+i_{\delta r} \quad \rightarrow \quad i_{\delta m}{}'=i_{\delta s}+i_{\delta r}-i_{\delta c} \quad \cdots\cdots\cdots\cdots\cdots (2\text{-}92')$$

磁束 $\phi_{\gamma s}, \phi_{\delta s}, \phi_{\gamma r}, \phi_{\delta r}$ と電流 $i_{\gamma s}, i_{\delta s}, \phi_{\gamma r}, \phi_{\delta r}$ の関係は

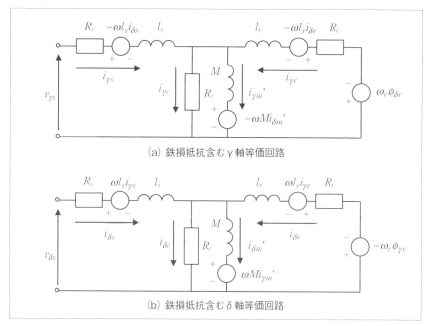

(a) 鉄損抵抗含む γ 軸等価回路

(b) 鉄損抵抗含む δ 軸等価回路

〔図2-31〕誘導電動機の鉄損抵抗を含む $\gamma\delta$ 軸等価回路

$$\phi_{\gamma s} = L_s i_{\gamma s} + M i_{\gamma r} = l_s i_{\gamma s} + M i_{\gamma m} \quad \rightarrow \quad \phi_{\gamma s} = l_s i_{\gamma s} + M i_{\gamma m}' \quad (2\text{-}86')$$

$$\phi_{\delta s} = L_s i_{\delta s} + M i_{\delta r} = l_s i_{\delta s} + M i_{\delta m} \quad \rightarrow \quad \phi_{\delta s} = l_s i_{\delta s} + M i_{\delta m}' \quad (2\text{-}87')$$

$$\phi_{\gamma r} = M i_{\gamma s} + L_r i_{\gamma r} = l_r i_{\gamma r} + M i_{\gamma m} \quad \rightarrow \quad \phi_{\gamma r} = l_r i_{\gamma r} + M i_{\gamma m}' \quad (2\text{-}80')$$

$$\phi_{\delta r} = M i_{\delta s} + L_r i_{\delta r} = l_r i_{\delta r} + M i_{\delta m} \quad \rightarrow \quad \phi_{\delta r} = l_r i_{\delta r} + M i_{\delta m}' \quad (2\text{-}81')$$

となる。さらに、図 2-31 (a) では R_c、M、$-\omega M i_{\delta m}$' で構成される一巡の回路において、また図 2-31 (a) では R_c、M、$-\omega M i_{\gamma m}$' で構成される一巡の回路において、次式が成立する。

$$R_c i_{\gamma c} = M \dot{i}_{\gamma m}' - \omega M i_{\delta m}'$$

$$\therefore \dot{i}_{\gamma m}' = \omega i_{\delta m}' + \frac{R_c}{M} i_{\gamma c} \quad \cdots\cdots\cdots\cdots\cdots\cdots\cdots (2\text{-}98)$$

$$R_c i_{\delta c} = M \dot{i}_{\delta m}' + \omega M i_{\gamma m}'$$

$$\therefore \dot{i}_{\delta m}' = -\omega i_{\gamma m}' + \frac{R_c}{M} i_{\delta c} \quad \cdots\cdots\cdots\cdots\cdots\cdots\cdots (2\text{-}99)$$

したがって、鉄損抵抗 R_c を考慮すると状態変数の数が2つ増える。式 (2-98)、(2-99) を考慮して整理すると式 (2-90)、(2-93)、(2-95) は次のようになる。

$$\begin{Bmatrix} \dot{\phi}_{\gamma s} \\ \dot{\phi}_{\delta s} \\ \dot{\phi}_{\gamma r} \\ \dot{\phi}_{\delta r} \\ \dot{i}_{\gamma m}' \\ \dot{i}_{\delta m}' \end{Bmatrix} = \begin{bmatrix} 0 & \omega & 0 & 0 & 0 & 0 \\ -\omega & 0 & 0 & 0 & 0 & 0 \\ 0 & 0 & 0 & \omega-\omega_r & 0 & 0 \\ 0 & 0 & -(\omega-\omega_r) & 0 & 0 & 0 \\ 0 & 0 & 0 & 0 & 0 & \omega \\ 0 & 0 & 0 & 0 & -\omega & 0 \end{bmatrix} \begin{Bmatrix} \phi_{\gamma s} \\ \phi_{\delta s} \\ \phi_{\gamma r} \\ \phi_{\delta r} \\ i_{\gamma m}' \\ i_{\delta m}' \end{Bmatrix} + \begin{Bmatrix} v_{\gamma s} - R_s i_{\gamma s} \\ v_{\delta s} - R_s i_{\delta s} \\ -R_r i_{\gamma r} \\ -R_r i_{\delta r} \\ \dfrac{R_c}{M} i_{\delta c}' \\ \dfrac{R_c}{M} i_{\delta c}' \end{Bmatrix}$$

$$\cdots (2\text{-}90')$$

$$\begin{Bmatrix} \dot{\phi}_{\gamma s} \\ \dot{\phi}_{\delta s} \\ \dot{\phi}_{\gamma r} \\ \dot{\phi}_{\delta r} \\ \dot{i}_{\gamma m}{}' \\ \dot{i}_{\delta m}{}' \end{Bmatrix} = \begin{bmatrix} -\dfrac{R_s}{l_s} & \omega & 0 & 0 & \dfrac{R_s M}{l_s} & 0 \\ -\omega & -\dfrac{R_s}{l_s} & 0 & 0 & 0 & \dfrac{R_s M}{l_s} \\ 0 & 0 & -\dfrac{R_r}{l_r} & \omega-\omega_r & \dfrac{R_r M}{l_r} & 0 \\ 0 & 0 & -(\omega-\omega_r) & -\dfrac{R_r}{l_r} & 0 & \dfrac{R_r M}{l_r} \\ \dfrac{R_c}{l_s M} & 0 & \dfrac{R_c}{l_r M} & 0 & -R_c\left(\dfrac{1}{l_s}+\dfrac{1}{l_r}+\dfrac{1}{M}\right) & \omega \\ 0 & \dfrac{R_c}{l_s M} & 0 & \dfrac{R_c}{l_r M} & -\omega & -R_c\left(\dfrac{1}{l_s}+\dfrac{1}{l_r}+\dfrac{1}{M}\right) \end{bmatrix} \begin{Bmatrix} \phi_{\gamma s} \\ \phi_{\delta s} \\ \phi_{\gamma r} \\ \phi_{\delta r} \\ i_{\gamma m}{}' \\ i_{\delta m}{}' \end{Bmatrix} + \begin{Bmatrix} v_{\gamma s} \\ v_{\delta s} \\ 0 \\ 0 \\ 0 \\ 0 \end{Bmatrix}$$

$$\cdots (2\text{-}93\text{'})$$

$$T = \frac{pM}{L_r}\left(\phi_{\gamma r}(i_{\delta s}-i_{\delta c})-\phi_{\delta r}(i_{\gamma s}-i_{\gamma c})\right) \quad \cdots\cdots\cdots (2\text{-}95\text{'})$$

式 (2-93') をブロック線図で表すと、図 2-32 のようになる。図 2-30 (b) を図 2-32 に接続すれば、運動方程式も考慮したときの固定子の電流 $i_{\gamma s}$, $i_{\delta s}$、回転角速度（機械角）ω_m、発生トルク T、入力 P_{in}、固定子巻線抵抗の銅

損 cop_s、回転子巻線抵抗の銅損 cop_r も出力することができる。

　ここで一例として、誘導電動機の定数を固定子抵抗 $R_s = 1.59\ \Omega$、固定子漏れインダクタンス $l_s = 6.75$ mH、回転子漏れインダクタンス $l_r = 6.75$ mH、相互インダクタンス $M = 92.5$ mH、慣性モーメント $J_m = 0.018$ kgm^2、回転制動係数 $R_\omega = 0.0$ N·ms/rad、鉄損抵抗 $R_c = 318\ \Omega$ とする。入力端子に固定子電圧実効値（線間）の指令値 $V = 200$ V、周波数 50 Hz を 0.01 秒後に入れて、負荷トルク $T_L = 10.0$ Nm を 1.0 秒から 1.6 秒の間印加した時の応答を図 2-33 に示す。MATLAB モデルでは、入力として平衡三相電圧に式 (2-76) で示される変換を行い、γ 軸、δ 軸固定子電圧 $v_{\gamma s}, v_{\delta s}$ を印加する。モータモデルとしては、鉄損抵抗を考慮しない図 2-30 (a) と (b)、および鉄損抵抗を考慮する図 2-32 と図 2-30 (b) の結果を示しているが、図 (k) の鉄損以外では大きな差は見られない。なお、鉄損抵抗を考慮しない図 2-30 (a) と (b) の結果と MATLAB のツールボックスとして提供

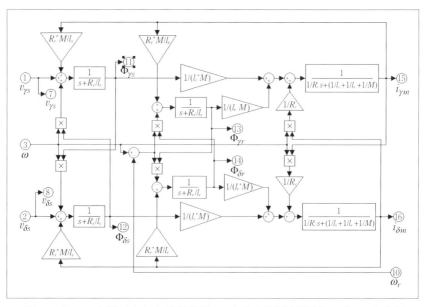

〔図 2-32〕$\gamma \delta$ 座標で表した鉄損抵抗 R_c を含む誘導電動機のブロック線図

されている誘導電動機モデルを用いた結果は、γ 軸、δ 軸電流除いて一致していた。ここで注意してほしいことは、MATLAB ツールボックスの座標変換は式 (2-65) や式 (2-67) と異なり、相対変換であり、つまり、式 (2-67) の C_{1t}^{*} の係数は $\sqrt{\frac{2}{3}}$ ではなく 2/3、式 (2-65) の C_1 の係数は $\sqrt{\frac{2}{3}}$ ではなく 1 である。従って、MATLAB ツールボックスで得られる γ 軸、δ 軸電流を $\sqrt{\frac{3}{2}}$ 倍すれば、両者は一致する。

図2-33には、(入力－出力－銅損－鉄損) とその積分も示してある。(入力－出力－銅損－鉄損) はプラスだけでなくマイナスの値になり、過渡状態では、入力 = (出力 + 銅損 + 鉄損) とならないことが分かる。そこで、負荷トルクが加えられてから過渡現象がほぼ終了したとみなせる時刻1.5 秒における定常状態での諸量を、1 相分 T 形等価回路を用いて計算した値と比較する。ここで、相分 T 形等価回路においては、MATLABで求めた回転速度を入力として用いている。計算した値と比較すると表 2-2 のようになる。

(入力－出力－銅損－鉄損) は -2.36×10^{-3} W であるが、このときの出力電力が 1.497 kW であることを考えると十分小さく 0 とみなせる。表より、鉄損を考慮した図 2-32 のモデルの MATLAB シミュレーション結果は T 形等価回路の結果と一致することが確認できる。

次に、(入力－出力－銅損－鉄損) の積分値について調べてみよう。MATLAB シミュレーション結果の値は 2.347 J となった。ここで、各インダクタンスに蓄えられる磁気エネルギーを次式で計算すると

$$0.5 l_s (i_{\gamma s}^2 + i_{\delta s}^2) + 0.5 l_r (i_{\gamma r}^2 + i_{\delta r}^2) + 0.5 M (i_{\gamma m}'^2 + i_{\delta m}'^2) = 2.353$$

となり、有効数字 3 桁では値が一致することが分かる。従って、(入力－出力－銅損－鉄損) は定常状態では 0 W となるが、(入力－出力－銅損－鉄損) の積分値は、回路やモータに蓄えられた磁気エネルギーとなることが確認できる。

❖2章 誘導モータ

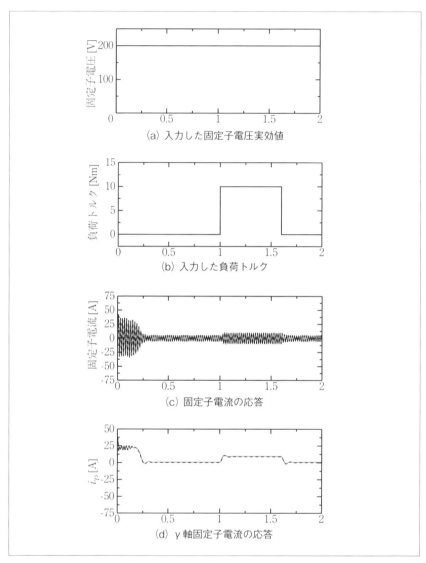

〔図2-33〕MATLAB モデルのシミュレーション例

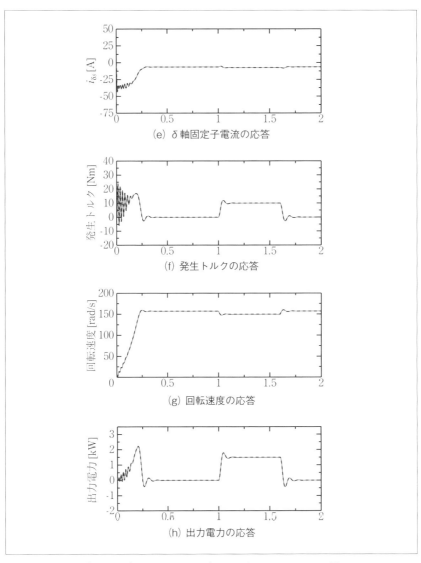

〔図 2-33〕MATLAB モデルのシミュレーション例

◆2章 誘導モータ

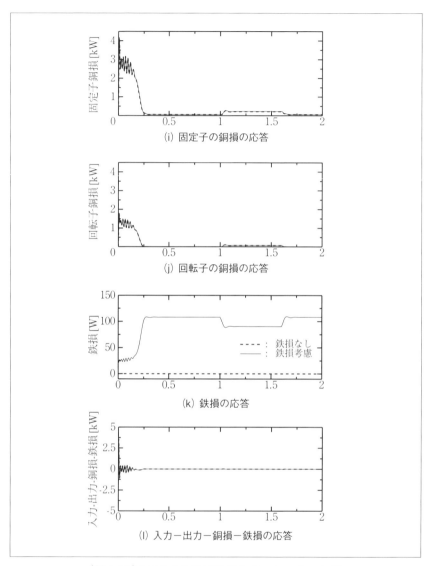

〔図2-33〕MATLAB モデルのシミュレーション例

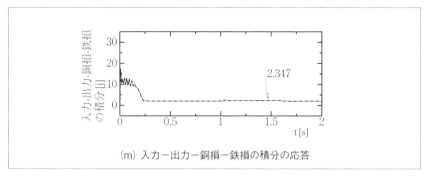

(m) 入力-出力-銅損-鉄損の積分の応答

〔図 2-33〕MATLAB モデルのシミュレーション例

〔表 2-2〕鉄損を考慮した MATLAB モデルと T 形等価回路の比較

	図 2-32 のモデル	T 形等価回路
回転速度 [min^{-1}]	1429.301	1429.301
入力 [W]	1890.5	1890.5
出力 [W]	1496.8	1496.8
固定子銅損 [W]	229.4	229.4
回転子銅損 [W]	74.0	74.0
鉄損 [W]	90.3	90.3
入力-(出力+銅損+鉄損) [W]	-2.36×10^{-3}	6.39×10^{-13}

2-7 駆動回路

　三相誘導電動機を駆動する電源としては、商用電源や三相電圧形インバータが一般的である。このほかに、簡単に電圧を調整する装置として、サイリスタを逆並列に接続した半導体素子を3本の電源回路に置く、一次電圧調整器がある。しかしこの方法では、電圧を低くした場合すべりが大きくなってしまい、式 (2-38) で示したように効率が悪くなってしまうという欠点がある。また、大型機ではサイクロコンバータも用いられる。サイクロコンバータは、直流の状態を介することなく商用電源を別の周波数の交流電力に変換するため変換効率がよい。しかし、良い出力電圧波形を得るためには、出力周波数の上限は入力周波数の 1/3 程度にする必要がある。そのため低速大容量の誘導電動機の駆動に向いている。ここでは、もっとも一般的な電圧形インバータについて説明する。

　図 2-34 に三相電圧形インバータを示す。スイッチング素子とダイオードが逆並列に接続されている。ここでは、スイッチング素子としてバイポーラトランジスタを示しているが、自己消弧形のスイッチング素子であればよく、MOSFET や IGBT も可能である。入力側は直流電源 E [V] に接続され、出力側に抵抗をつないだ場合を示している。方形波駆動した場合の電圧波形を図 2-35 に示す。最上部の3つがトランジスタのオ

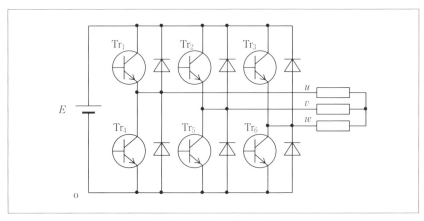

〔図 2-34〕三相電圧形インバータ

ン信号である。トランジスタ1とトランジスタ2、トランジスタ2とトランジスタ3は$2\pi/3$ずつ位相をずらしてONさせる。トランジスタ1がオフのとき、トランジスタ4にはオン信号が送られる。トランジスタのターンオン時間はターンオフ時間より短いので、上下のトランジスタが同時にオンしないようにデッドタイムを設けるが、ここでは、スイッチング素子の動作は理想的として説明する。例えば、時刻に相当するθが0から$\pi/3$のとき、トランジスタ1、3そして5にオン信号が送られる。その結果、u, v, wの電圧はv_{uo}, v_{vo}, v_{wo}のようになり、線間電圧はv_{uv}, v_{vw}, v_{wu}のように$2\pi/3$の矩形波になる。オンとオフのタイミングを変えれば、その周期したがってその周波数が容易に変えられることが分かる。しかし電圧最大値は入力の直流電圧と同じであり、容易には変えられない。さらに、この電圧波形は低次の高調波成分を含む。

インバータの出力電圧の大きさと周波数の両方を同時に、連続的に変える方法としてPWM (pulse-width modulation、**パルス幅変調**) 方式がある。図2-36にその電圧波形の一例を示す。図 (a) は指令電圧である変調波$v_{u\,ref}, v_{v\,ref}, v_{w\,ref}$と搬送波$v_{carrier}$の関係を示す。$v_{u\,ref}$が$v_{carrier}$より高いと

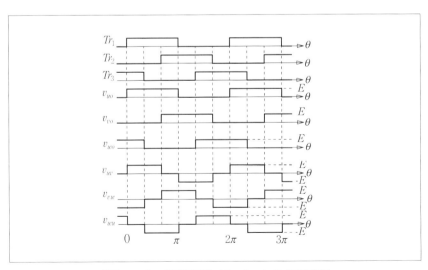

〔図2-35〕三相電圧形インバータの方形波例

き、図 2-34 の T_{r1} をオンし、低いときには T_{r4} をオンする。その結果、u, v, w の電圧は v_{uo}, v_{vo}, v_{wo} のようになり、線間電圧は v_{uv}, v_{vw}, v_{wu} のようになる。ここでは、見やすいように搬送波三角波の周波数は指令電圧の 10 倍としているが、実際には数 kHz から数 10 kHz とすることが多い。図 (e) から (g) の電圧波形は高調波成分をかなり含んでいる。しかしトルクに大きな影響を及ぼす基本波成分については、この波形をフーリエ解析すれば求められる。ここでは結果だけを示すと

$$V_1 = \alpha_0 \frac{\sqrt{3}}{2} E \qquad\qquad (2\text{-}100)$$

ここで、V_1、E、α_0 は出力線間電圧の基本波成分の最大値、入力の直流電圧、**変調度**で

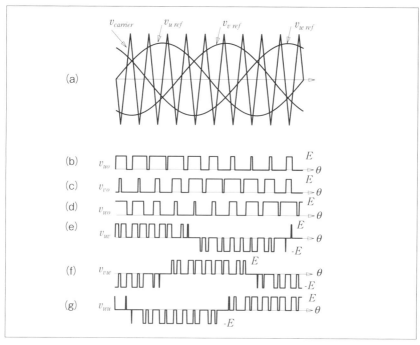

〔図 2-36〕三相電圧形インバータの PWM 波形例

$$\alpha_0 = \frac{\text{変調波である指令電圧の最大値}}{\text{搬送波である三角波の最大値}} \quad \cdots\cdots\cdots\cdots \quad (2\text{-}101)$$

と表される。ここで $0 \leq \alpha_0 \leq 1$ である。もし、変調波の指令電圧が搬送波の三角波を越えてしまうと、うまく変調できなくなるのは明らかであり、注意が必要である。

　以上、PWM方式を使えば、出力電圧の大きさと周波数を変えることができると一般にいわれているが、図2-36から分かるように、各相の電圧の位相は横軸の θ の任意の位置からはじめることができるので、周波数というより位相を変えることができるといえる。

2−8 鉄損を考慮したときの定常時の高効率運転

　誘導電動機は、ベクトル制御技術を用いると高速なトルク応答を得ることができ、速度制御や位置制御に用いられている。ここでは、ベクトル制御で用いられる $\gamma\delta$ 座標での効率について述べる。まず、ベクトル制御について簡単に説明する。誘導電動機でDCモータのように高速なトルク応答を得ることを考えると、誘導電動機のトルクの式 (2-95) あるいは式 (2-96) が、DCモータにおける式 (1-3) のように2つの変数の積で与えられれば制御が容易になると考えられる。式 (2-95) あるいは式 (2-96) において、符号を考えると第2項の $\phi_{\delta r}i_{\gamma s}$ あるいは $i_{\gamma s}i_{\delta r}$ を0に制御するとそれぞれの式は

$$T = \frac{pM}{L_r}\phi_{\gamma r}i_{\delta s} \quad\cdots\cdots\cdots\cdots\cdots\cdots\cdots\cdots\cdots\cdots\cdots (2\text{-}102)$$

$$T = pMi_{\gamma r}i_{\delta s} \quad\cdots\cdots\cdots\cdots\cdots\cdots\cdots\cdots\cdots\cdots\cdots\cdots\cdots (2\text{-}103)$$

となる。式 (2-102) では $\phi_{\gamma r}$ を一定、式 (2-103) では $i_{\gamma r}$ を一定に制御すれば、トルクは δ 軸固定子電流に比例するので、DCモータと同等な制御が期待できる。式 (2-95) あるいは式 (2-96) の第2項を0に制御するとき、$i_{\gamma s}$ は電流検出器で検出できるので、$\phi_{\delta r}$ あるいは $i_{\delta r}$ を0に制御すればよいが、一般には $\phi_{\delta r}$ を0に制御する。この理由を説明しよう。$i_{\gamma s}$, $i_{\delta s}$, $\phi_{\gamma r}$, $\phi_{\delta r}$ を状態変数にした誘導電動機の式 (2-85) において、$\phi_{\delta r}=0$ および微分項を無視すると、第3行目と4行目

$$\frac{R_r M}{L_r}i_{\gamma s} - \frac{R_r}{L_r}\phi_{\gamma r} = 0$$

$$\frac{R_r M}{L_r}i_{\delta s} - (\omega - \omega_r)\phi_{\gamma r} = 0$$

より、すべり周波数は以下で与えられる。

$$s\omega = \omega - \omega_r = \frac{R_r}{L_r}\frac{i_{\delta s}}{i_{\gamma s}} \quad\cdots\cdots\cdots\cdots\cdots\cdots\cdots\cdots\cdots (2\text{-}104)$$

したがって、モータ定数 R_r, L_r が既知で、回転速度と固定子電流 $\omega_r, i_{\delta s}, i_{\gamma s}$ を検出すればすべり周波数あるいはインバータ周波数が求められる。

同様に、$\phi_{\gamma s}, \phi_{\delta s}, \phi_{\gamma r}, \phi_{\delta r}$ を状態変数にした誘導電動機の式 (2-93) において、$\phi_{\delta r}=0$ および微分項を無視して求めることができるが、この場合は次式となる。

$$s\omega = \omega - \omega_r = \frac{R_r}{l_r}\frac{i_{\delta m}}{i_{\gamma m}} \quad \cdots\cdots\cdots\cdots\cdots\cdots\cdots\cdots (2\text{-}105)$$

ここで、$i_{\delta m}=i_{\delta s}+i_{\delta r}, i_{\gamma m}=i_{\gamma s}+i_{\gamma r}$ であるので回転子の電流も含むことになり、検出しにくいことが考えられる。さらに、$i_{\gamma s}, i_{\delta s}, i_{\gamma r}, i_{\delta r}$ を状態変数にした誘導電動機の式 (2-77) を用いることも考えられるが、$i_{\delta r}=0$ および微分項を無視することを考えると、微分がかかる成分

$$\begin{bmatrix} L_s & 0 & M & 0 \\ 0 & L_s & 0 & M \\ M & 0 & L_r & 0 \\ 0 & M & 0 & L_r \end{bmatrix}$$

があるので、式 (2-89) で示した上の逆行列

$$\frac{1}{L_s L_r - M^2}\begin{bmatrix} L_r & 0 & -M & 0 \\ 0 & L_r & 0 & -M \\ -M & 0 & L_s & 0 \\ 0 & -M & 0 & L_s \end{bmatrix}$$

を左から乗じて計算すると、すべり周波数は回転子の電流成分も含む複雑な式となってしまう。したがって、誘導電動機をベクトル制御するには、$i_{\gamma s}, i_{\delta s}, \phi_{\gamma r}, \phi_{\delta r}$ を状態変数にした誘導電動機の式 (2-85) を用いて、式 (2-104) になるようにすべり周波数を制御して、$\phi_{\delta r}$ を 0 に制御する方法が採用される。

ここで、鉄損を考慮した誘導電動機の効率最大化について考えよう。

鉄損を考慮したときの状態方程式は式 (2-93')、トルクは式 (2-95') として与えられたので、これらの式を用いて効率最大化あるいは損失最小化を行えばよいが、上述のベクトル制御より少し複雑になる。式 (2-93') と式 (2-95') において、$\phi_{\delta r}=0$ および微分項を無視すると次式が得られる。

$$\begin{Bmatrix} 0 \\ 0 \\ 0 \\ 0 \\ 0 \\ 0 \end{Bmatrix} = \begin{bmatrix} -\dfrac{R_s}{l_s} & \omega & 0 & 0 & \dfrac{R_s M}{l_s} & 0 \\ -\omega & -\dfrac{R_s}{l_s} & 0 & 0 & 0 & \dfrac{R_s M}{l_s} \\ 0 & 0 & -\dfrac{R_r}{l_r} & 0 & \dfrac{R_r M}{l_r} & 0 \\ 0 & 0 & -(\omega-\omega_r) & 0 & 0 & \dfrac{R_r M}{l_r} \\ \dfrac{R_c}{l_s M} & 0 & \dfrac{R_c}{l_r M} & 0 & -R_c\left(\dfrac{1}{l_s}+\dfrac{1}{l_r}+\dfrac{1}{M}\right) & \omega \\ 0 & \dfrac{R_c}{l_s M} & 0 & 0 & -\omega & -R_c\left(\dfrac{1}{l_s}+\dfrac{1}{l_r}+\dfrac{1}{M}\right) \end{bmatrix} \begin{Bmatrix} \phi_{\gamma s} \\ \phi_{\delta s} \\ \phi_{\gamma r} \\ \phi_{\delta r} \\ i_{\gamma m}' \\ i_{\delta m}' \end{Bmatrix} + \begin{Bmatrix} v_{\gamma s} \\ v_{\delta s} \\ 0 \\ 0 \\ 0 \\ 0 \end{Bmatrix}$$

$\cdots$ (2-106)

$$T = \frac{pM}{L_r}\phi_{\gamma r}(i_{\delta s} - i_{\delta c}) \quad \cdots\cdots\cdots\cdots\cdots\cdots\cdots\cdots\cdots\cdots \quad (2\text{-}107)$$

式 (2-107) に式 (2-92') を代入して

$$T = \frac{pM}{L_r}\phi_{\gamma r}(i_{\delta s} - i_{\delta c}) = \frac{pM}{L_r}\phi_{\gamma r}(i_{\delta m}' - i_{\delta r})$$

式 (2-81') を代入して

$$T = \frac{pM}{L_r}\phi_{\gamma r}(i_{\delta m}' - i_{\delta r}) = \frac{pM}{L_r}\phi_{\gamma r}(i_{\delta m}' - \frac{\phi_{\delta r}}{l_r} + \frac{M}{lr}i_{\delta m}') = \frac{pM}{L_r}\phi_{\gamma r}i_{\delta m}'$$
$$\cdots \quad (2\text{-}108)$$

$\phi_{\gamma r}$ を独立変数と考えると

$$i_{\delta m}' = \frac{l_r}{pM}\frac{T}{\phi_{\gamma r}} \quad \cdots\cdots\cdots\cdots\cdots\cdots\cdots\cdots\cdots\cdots \quad (2\text{-}109)$$

式 (2-106) の 3 行目より

$$i_{\gamma m}' = \frac{1}{M}\phi_{\gamma r} \quad \cdots\cdots\cdots\cdots\cdots\cdots\cdots\cdots\cdots\cdots\cdots \quad (2\text{-}110)$$

式 (2-106) の 4 行目より

$$\omega_r = \omega - \frac{R_r M}{l_r}\frac{i_{\delta m}'}{\phi_{\gamma r}} \quad \cdots\cdots\cdots\cdots\cdots\cdots\cdots\cdots \quad (2\text{-}111)$$

式 (2-106) の 5 行目より

$$\frac{\phi_{\gamma s}}{l_s} = \frac{M}{R_c}\left\{-\frac{R_c \phi_{\gamma r}}{l_r M} + R_c\left(\frac{1}{l_s} + \frac{1}{l_r} + \frac{1}{M}\right)i_{\gamma m}' - \omega i_{\delta m}'\right\}$$
$$= -\frac{M}{R_c}\omega i_{\delta m}' + \frac{L_s}{l_s}i_{\gamma m}' \quad \cdots \quad (2\text{-}112)$$

式 (2-106) の 6 行目より

$$\frac{\phi_{\delta s}}{l_s} = \frac{M}{R_c}\left\{\omega i_{\gamma m}{'} + R_c\left(\frac{1}{l_s}+\frac{1}{l_r}+\frac{1}{M}\right)i_{\delta m}{'}\right\} = \frac{M}{R_c}\omega i_{\gamma m}{'} + M\left(\frac{1}{l_s}+\frac{1}{l_r}+\frac{1}{M}\right)i_{\delta m}{'}$$
$$\cdots (2\text{-}113)$$

が得られる。これらの式を用いて、固定子銅損

$$P_{cu,s} = R_s\left(i_{\delta s}^2 + i_{\gamma s}^2\right) = R_s\left\{\left(\frac{\phi_{\delta s}}{l_s}-\frac{M}{l_s}i_{\delta m}{'}\right)^2 + \left(\frac{\phi_{\gamma s}}{l_s}-\frac{M}{l_s}i_{\gamma m}{'}\right)^2\right\}$$
$$= R_s\left[\left\{\left(\frac{\omega M}{R_c}\right)^2+1\right\}i_{\gamma m}{'}^2 + \left\{\left(\frac{L_r}{l_r}\right)^2+\left(\frac{\omega M}{R_c}\right)^2\right\}i_{\delta m}{'}^2 + 2\frac{\omega M^2}{R_c l_r}i_{\gamma m}{'}i_{\delta m}{'}\right]$$
$$\cdots (2\text{-}114)$$

回転子銅損

$$P_{cu,r} = R_r\left(i_{\delta r}^2 + i_{\gamma r}^2\right) = R_r\left\{\left(\frac{\phi_{\delta r}}{l_r}-\frac{M}{l_r}i_{\delta m}{'}\right)^2 + \left(\frac{\phi_{\gamma r}}{l_r}-\frac{M}{l_r}i_{\gamma m}{'}\right)^2\right\}$$
$$= R_r\left(\frac{M}{l_r}\right)^2 i_{\delta m}{'}^2 \qquad \cdots (2\text{-}115)$$

鉄損

$$P_{core} = R_c\left(i_{\delta m}{'}^2 + i_{\gamma m}{'}^2\right) = R_c\left\{\left(\frac{\phi_{\gamma s}}{l_s}+\frac{\phi_{\delta r}}{l_r}-\frac{M}{l_s}i_{\gamma m}{'}-\frac{M}{l_r}i_{\gamma m}{'}-i_{\gamma m}{'}\right)^2\right.$$
$$\left. + \left(\frac{\phi_{\delta s}}{l_s}+\frac{\phi_{\delta r}}{l_r}-\frac{M}{l_s}i_{\delta m}{'}-\frac{M}{l_r}i_{\delta m}{'}-i_{\delta m}{'}\right)^2\right\}$$
$$= \frac{(\omega M)^2}{R_c}\left(i_{\delta m}{'}^2 + i_{\gamma m}{'}^2\right) \qquad \cdots (2\text{-}116)$$

全損失

$$P_{loss} = P_{cu,s} + P_{cu,r} + P_{iron} = \alpha_1 i_{\delta m}'^2 + \alpha_2 i_{\gamma m}'^2 + \alpha_3 i_{\delta m}' i_{\gamma m}' \quad (2\text{-}117)$$

となる。ここで、

$$\alpha_1 = R_s \left\{ \left(1+\frac{M}{l_r}\right)^2 + \left(\frac{\omega M}{R_c}\right)^2 \right\} + \frac{R_r M^2}{l_r^2} + \frac{(\omega M)^2}{R_c} \quad \cdots \quad (2\text{-}118)$$

$$\alpha_2 = R_s \left\{ 1 + \left(\frac{\omega M}{R_c}\right)^2 \right\} + \frac{(\omega M)^2}{R_c} \quad \cdots\cdots\cdots\cdots\cdots \quad (2\text{-}119)$$

$$\alpha_3 = \frac{2R_s \omega M^2}{l_r R_c} \quad \cdots\cdots\cdots\cdots\cdots\cdots\cdots\cdots\cdots\cdots\cdots \quad (2\text{-}120)$$

である。また、式 (2-109) と (2-110) を用いて $\phi_{\gamma r}$ で表すと

$$P_{loss} = \alpha_1 \left(\frac{l_r}{pM}\right)^2 \frac{T^2}{\phi_{\gamma r}^2} + \frac{\alpha_2}{M^2} \phi_{\gamma r}^2 + \frac{l_r \alpha_3}{pM^2} T \quad \cdots\cdots\cdots \quad (2\text{-}121)$$

となる。ここで、式 (2-117) と式 (2-121) の各項は対応していることに注意してほしい。全損失の最大値を求めるために

$$\frac{\partial P_{loss}}{\partial \phi_{\gamma r}} = 0$$

とすると、式 (2-121) の第 1 項 = 第 2 項となるので、これを整理すると損失最小の条件は次式となる。

$$\phi_{\gamma r}^4 = \left(\frac{l_r}{p}\right)^2 \frac{\alpha_1}{\alpha_2} T^2 \quad \cdots\cdots\cdots\cdots\cdots\cdots\cdots\cdots \quad (2\text{-}122)$$

また、式 (2-117) と式 (2-121) の各項は対応しているので、式 (2-121) の第 1 項 = 第 2 項は、式 (2-117) の第 1 項 = 第 2 項でもある。したがって損失最小の条件は次式で表すこともできる。

$$\left|\frac{i_{\delta m}{}'}{i_{\gamma m}{}'}\right| = \sqrt{\frac{\alpha_2}{\alpha_1}} \quad\cdots\cdots\cdots\cdots\cdots\cdots\cdots\cdots\cdots\cdots\cdots\cdots\cdots \quad (2\text{-}123)$$

と表すこともできる。

損失が最小となる条件が式 (2-122) として求められたので、この条件のときの諸量を計算しよう。式 (2-122) を式 (2-109)〜式 (2-111) に代入すると

$$|i_{\delta m}{}'| = \frac{1}{M}\sqrt{\frac{l_r}{p}}\sqrt[4]{\frac{\alpha_2}{\alpha_1}}\sqrt{T} \quad\cdots\cdots\cdots\cdots\cdots\cdots\cdots\cdots \quad (2\text{-}124)$$

$$|i_{\gamma m}{}'| = \frac{1}{M}\sqrt{\frac{l_r}{p}}\sqrt[4]{\frac{\alpha_1}{\alpha_2}}\sqrt{T} \quad\cdots\cdots\cdots\cdots\cdots\cdots\cdots\cdots \quad (2\text{-}125)$$

$$\omega_r = \omega - \frac{R_r M}{l_r}\frac{i_{\delta m}{}'}{\phi_{\gamma r}} = \omega - \frac{R_r}{l_r}\sqrt{\frac{\alpha_2}{\alpha_1}} \quad\cdots\cdots\cdots\cdots \quad (2\text{-}126)$$

式 (2-126) を機械角で表すと

$$p\omega_m = \omega - \frac{R_r}{l_r}\sqrt{\frac{\alpha_2}{\alpha_1}} \quad\cdots\cdots\cdots\cdots\cdots\cdots\cdots\cdots \quad (2\text{-}127)$$

効率は次式となる。

$$\eta = \frac{T\omega_m}{T\omega_m + P_{loss}} = \frac{\omega - \dfrac{R_r}{l_r}\sqrt{\dfrac{\alpha_2}{\alpha_1}}}{\omega - \dfrac{R_r}{l_r}\sqrt{\dfrac{\alpha_2}{\alpha_1}} + \dfrac{2l_r\sqrt{\alpha_1\alpha_2}}{M^2} + \dfrac{l_r\alpha_3}{M^2}} \quad\cdots \quad (2\text{-}128)$$

まとめると、損失最小あるいは効率最大となる条件は、式 (2-122) あるいは式 (2-123) で、そのときのすべり周波数 ($\omega - p\omega_m$) は式 (2-127) となり、最大効率は式 (2-128) となる。

式 (2-128) にはトルクが含まれない、つまり最大効率はトルクに対して一定である。これを簡単に説明しよう。式 (2-118)〜式 (2-120) より、$\alpha_1, \alpha_2, \alpha_3$ はトルクに依存しないので、式 (2-124) と (2-125) より、$i_{\gamma m}{}'$, $i_{\delta m}{}'$

は $\sqrt{T}$ に比例する。これを考慮すると式 (2-112) と (2-113) より $\phi_{\gamma s}, \phi_{\delta s}$ も $\sqrt{T}$ に比例し、さらに式 (2-106) より $v_{\gamma s}, v_{\delta s}$ も $\sqrt{T}$ に比例することが分かる。つまり、電圧、電流、磁束は $\sqrt{T}$ に比例する。電圧と電流の積である入力はトルク T に比例する。もちろん出力はトルクに比例するので、効率はトルクに依存せず一定となる。

ここで一例として、誘導電動機の定数を固定子抵抗 R_s = 1.59 Ω、固定子漏れインダクタンス l_s = 6.75 mH、回転子漏れインダクタンス l_r = 6.75 mH、相互インダクタンス M = 92.5 mH、慣性モーメント J_m = 0.018 kgm^2、回転制動係数 R_ω = 0.0 Nms/rad、鉄損抵抗 R_c = 318 Ω とした場合の特性の一例を図 2-37 に示す。図はトルクをパラメータにとった速度に対する特性を示す。なお、トルクについては定格の 1.2 倍までの 6 通りを示している。ここで、周波数、すべり、効率については 1 本の線で示される、つまりトルクに依存しない点に注意したい。図 (a) より、インバータ周波数は回転速度にほぼ比例しているが、図 (b) に示すすべりを見ると、低回転速度で大きな値となっている。固定子電圧と固定子電流はトルクの平方根に比例し、固定子電圧は回転速度に応じて高くなるが、固定子電流はあまり変化しない。各損失はトルクに比例する。図 (e) より、固定子の銅損は固定子電流と同様に回転速度に対してわずかに増加する程度であまり変化しない。それに対して、回転子銅損は図 (g) に示すように、回転速度に応じて大きくなる。出力はトルクと回転速度の積なので、原点を通る一次関数となる。最後に、図 (i) に効率特性を示すが、トルクには依存しない。回転速度に対しては、高速時に効率が高く、低速時はかなり低い値になるという傾向がある。

【問 2-6】

誘導電動機の定数を固定子抵抗 R_s = 1.0 Ω、固定子漏れインダクタンス l_s = 5.0 mH、回転子漏れインダクタンス l_r = 5.0 mH、相互インダクタンス M = 100 mH、回転子抵抗 R_r = 0.5 Ω、鉄損抵抗 R_c = 200 Ω とした場合、最大効率－回転速度の特性を求めよ。また、$R_c, R_s, R_r, M, (l_s$ と l_r を同時)

❖ 2章　誘導モータ

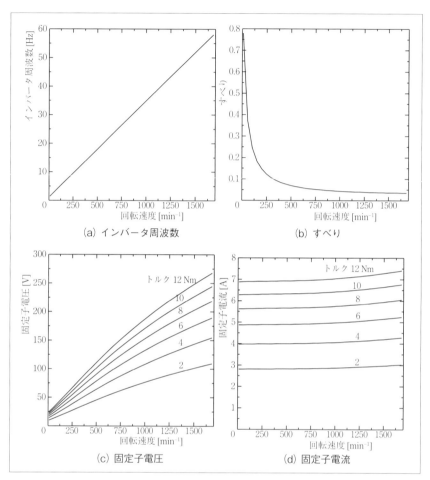

〔図 2-37〕効率最大時の諸量の変化の例

をそれぞれ2倍したとき、最大効率はをグラフに示せ。
【解】
　例えばExcelを用いて、ω を変化させながら式 (2-127)（と式 (2-118)〜(2-120)）で ω_m、式 (2-128) で効率を計算し、図に表示すればよい。結果を図 2-38 に示す。図より
　・$1500\,\text{min}^{-1}$ 付近の効率は約 82.4%

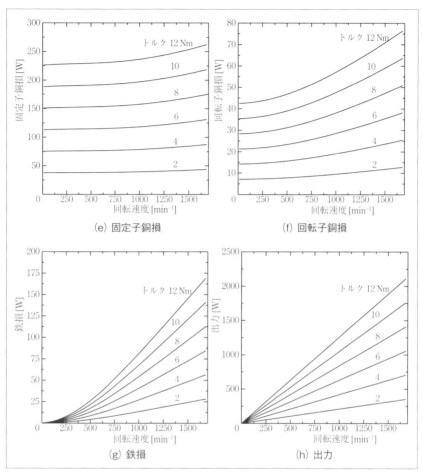

〔図 2-37〕効率最大時の諸量の変化の例

- R_c を 2 倍にすると全体的に効率は高くなり、1500 min^{-1} 付近で 86.3%
- R_s を 2 倍にすると全体的に効率はかなり低くなる
- R_r を 2 倍にすると全体的に効率は低くなる
- M を 2 倍にすると特に低速度で効率が高くなる
- l_s と l_r を 2 倍にしても効率はあまり変化しない 【解終了】

❖2章 誘導モータ

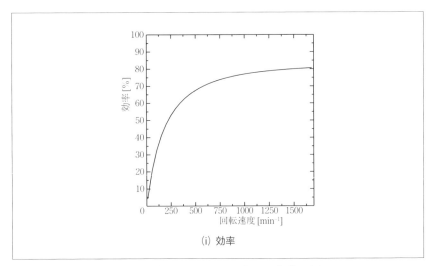

(i) 効率

〔図 2-37〕効率最大時の諸量の変化の例

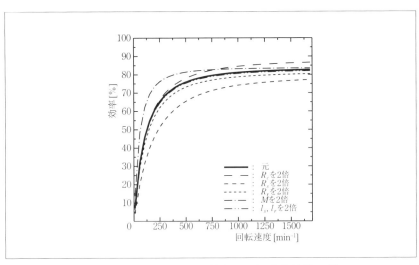

〔図 2-38〕効率最大時の効率−回転速度特性の例

図 2-37 で効率最大時の誘導電動機の諸特性を示したが、負荷として与えられるトルク T と回転角速度 ω_m を独立変数として諸特性をマップで表すことは有用である。そこで、図 2-37 と同じ定数のモータについて、固定子電圧、固定子電流、出力、鉄損、効率のマップを図 2-39 に示す。図において、右上の領域、つまり高回転速度、高トルクでは値がないが、これは固定子電圧、電流の上限（ここでは、定格値の 1.2 倍とした）のために運転不可能と考えて表示していない。図 2-39 (a) より、固定子電圧は高回転速度、高トルクで高くなる。図 2-39 (b) より、固定子電流は速度にはあまり関係せず、高トルクで大きくなる。図 2-39 (c) より、出力は回転速度とトルクの積であるので、このようなマップとなる。図 2-39 (d) より、鉄損は固定子電圧と同様のマップとなる。図 2-39 (e) より、効率はトルクに依存しないので、縦縞のマップになり、一般に高回転速度で高くなる。

2章 誘導モータ

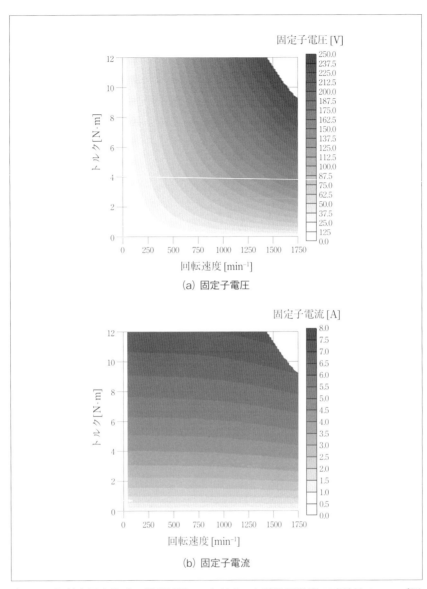

(a) 固定子電圧

(b) 固定子電流

〔図 2-39〕効率最大化時の鉄損抵抗 R_c を考慮した誘導電動機の諸特性のマップ例

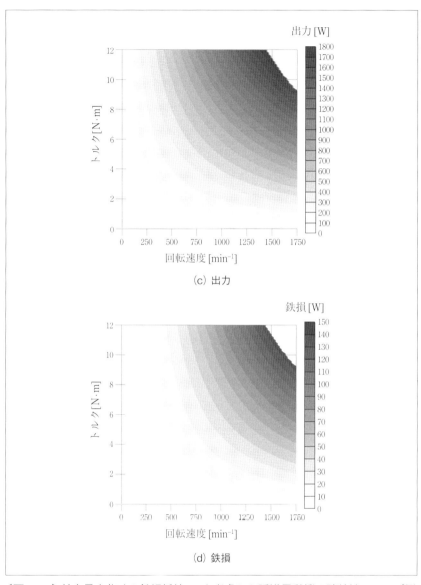

(c) 出力

(d) 鉄損

〔図 2-39〕効率最大化時の鉄損抵抗 R_c を考慮した誘導電動機の諸特性のマップ例

❖2章 誘導モータ

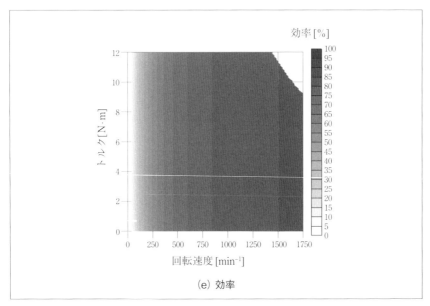

〔図2-39〕効率最大化時の鉄損抵抗 R_c を考慮した誘導電動機の諸特性のマップ例

3章

同期モータ

同期モータは、固定子（ただし、同期モータでは電機子ともいう）に誘導電動機と同様の巻線を持ち、回転子側に永久磁石あるいは電磁石でできた界磁を持つ交流機である。同期モータの回転速度は回転磁界と同じである点が誘導電動機と異なる。回転子が回転磁界と同じ速度で回転していることを**同期**、回転磁界の速度を**同期速度**という。2章で紹介したインバータはその周波数を任意に変えることができるので、同期モータをインバータに接続することにより任意の速度で駆動できる。逆にいうと、同期モータの界磁の位置に応じてインバータを運転して回転磁界を作れば回転させることができる。このように、回転子の位置を検出するセンサとインバータを用いることで、1章で説明したDCモータのブラシと整流子の役目を担わせることことにより、DCモータと同様の制御性能を持たせることができるようになった。そのために、同期モータ＋インバータ＋センサ（センサレスの場合もある）の構成で、DCモータと同様の制御性能を持つシステムは**ブラシレスDCモータ**とも呼ばれる。したがって、このようなシステムは、直流電源でブラシを持たないDCモータと同様の制御性能を持つシステムと考えられる。しかし、2章で説明した誘導モータの場合も、直流電源から電力を供給しインバータを用いたベクトル制御でDCモータのような性能で運転できるが、ブラシレスDCモータとは呼ばれないことに注意してほしい。この章では、同期モータの基礎からインバータを用いたベクトル制御運転まで分かりやすく説明した後、鉄損を考慮した場合の高効率運転について説明する。

3－1　同期モータの動作原理
(1) 動作原理

　この節では、同期モータの基本動作を理解するために、回転子の位置を検出した制御は行わないで三相電圧源で駆動する場合を扱う。回転子の位置を検出（あるいは推定）してインバータで制御するベクトル制御については3-3以降で扱う。

　同期機の断面図を図3.1に示す。2-2で説明したように、固定子には対称三相巻線が巻かれており平衡三相電流を流すことにより、回転磁界が発生する。回転子は永久磁石あるいは電磁石で構成されており、回転磁界と吸引し合ってトルクが発生し回転する。回転子の回転速度は回転磁界の回転速度と同じである。もし回転子の回転速度が回転磁界の速度と同じでなくその差が大きい場合、あるときは吸引力、あるときは反発力となり、平均すると回転子に働くトルクは0となり、回転できない。したがって、同期モータの場合同期速度までどのように加速するかが問題となる。その1つとして、回転子の磁極の頭部に銅などの棒を埋め込み、誘導電動機のかご形巻線の役目をさせる方法がある。このかご形巻線により、誘導電動機と同様に加速し同期速度近くまで達する。この状態で回転子の磁石によるトルクが加わることを考えると、トルクが増加している過程において回転子は加速され同期速度に引き入れられる。な

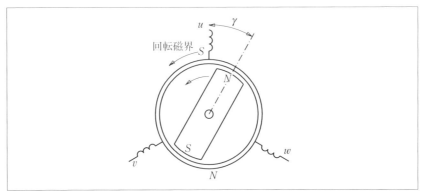

〔図3-1〕同期モータのトルクの発生

お、同期速度に達した後は、このかご形巻線には起電力が発生しないのでトルクは発生しない。この構造の同期モータは自己始動形同期モータと呼ばれている。他の方法としては、インバータを用いて低回転の回転磁界を作ることにより始動する方法がある。この場合は回転子頭部のかご形巻線は特に必要ない。

ここで、図3-1に示すように回転磁界の極と回転子の磁界の極の角度をγとすると、γが大きいと発生トルクTは大きくなるので、簡単のために下記のように表す。

$$T = T_m \sin \gamma \quad \cdots\cdots\cdots\cdots\cdots\cdots\cdots\cdots\cdots\cdots\cdots\cdots\cdots\cdots\cdots\cdots \quad (3\text{-}1)$$

定常運転時には、負荷トルクとつりあうようなγの値を保ちながら回転子は回転する。

回転子の構造としては、磁石が電磁石でできているものと電磁石でできているものがあり、さらに回転子が磁気的に突をもつ**突極機**と持たない非突極(円筒機)とがある。その基本構造を図3-2に示す。なお、ここでは極対数$p=2$の4極構造を示している。図(a)は永久磁石を用いた**非突極(円筒機)**の例で、ケイ素鋼板のまわりに4つの円弧状の磁石をとりつけた構造になっている。構造的には磁石部分は突になっているが、永久磁石、特にネオジム磁石の微分透磁率は空気の透磁率とほぼ等しいので、磁気的には空気と同じとみなすことができるので、磁気的には非突極である。ケイ素鋼板の部分は磁気的に円筒であるので、非突極となる。図(b)は、ケイ素鋼板の凹凸が4つあるので、磁石を用いない突極機であり、シンクロナスリラクタンスモータあるいは**同期リラクタンスモータ**(Synchronous Reluctance motor, SynRM)と呼ばれる。実際のシンクロナスリラクタンスモータはもっと複雑な構造をしているが、基本的にはこのような磁気的構造をしている。ここで、回転子構造がこの構造で、電機子側も例えば6極の突の極構造歯を持つスイッチトリラクタンスモータと呼ばれるものもあるので注意されたい。図(c)は巻線励磁による磁石でケイ素鋼板も突極構造をしたものである。図(d)は永久

磁石を回転子の内部に埋め込んだ**埋込磁石同期モータ**と呼ばれるものである。図 (d) の場合、ケイ素鋼板をくりぬいて、そこに磁石と非磁気体（あるいは空洞）を入れた構造となっている。外部の磁界からみると永久磁石は空気とみなせるので、外部で作られる磁界は永久磁石の部分では通りにくく、永久磁石の磁化方向から 45 度（電気角では 90 度）の方向には通りやすいので、突極機である。ただし、図 (d) では磁気的に突

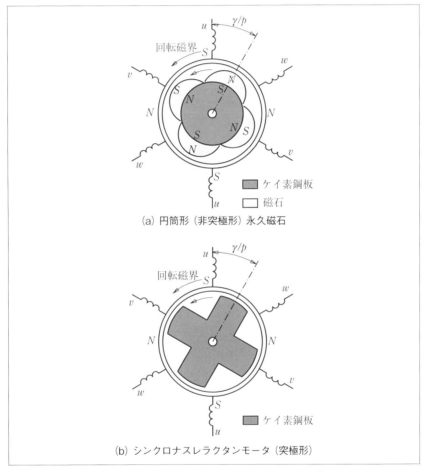

〔図 3-2〕回転子の基本構造とトルクの発生

の方向が、図 (c) のような永久磁石と同じ方向ではなく、磁石と磁石の間の 45 度（電気角では 90 度）の方向が突の方向となるので、**逆突極**とよばれる。

　図 3-2 に示した回転子構造の基本的なトルク特性を図 3-3 に示す。図 3-3 (a) 〜 (d) は図 3-2 (a) 〜 (d) の回転子の構造に対応する。図 3-2 (a) は非突極形機なのでそのトルク特性は高調波成分を除くと次式となる。

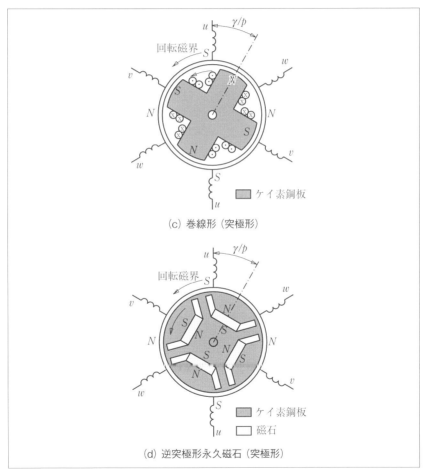

〔図 3-2〕回転子の基本構造とトルクの発生

$$T = T_{pm} \sin \gamma \quad \cdots\cdots\cdots\cdots\cdots\cdots\cdots\cdots\cdots\cdots\cdots\cdots\cdots\cdots \quad (3\text{-}2)$$

ここで、γは電機子巻線の作るＳ極から回転子磁石の作るＮ極までの角度で、回転磁界の方向とは逆にとった電気角である。トルクの正の方向は回転磁界の方向となる。磁石によるトルクなので、**マグネットトルク**と呼ばれる。図から明らかなように、負荷トルクT_Lが０のときは$\gamma = 0$の状態で回転する。負荷トルクが増大すると$T = T_L$とつりあった角度を保ちながら回転する。そして$\gamma > \pi/2$になると、回転子は同期をはずれて回転することができない。これを**脱調**という。つまり、$\pi/2 < \gamma < \pi$の角度では、負荷トルクと同じ値の発生トルクでも回転することはできない。

　図(b)は磁石を持たないケイ素鋼板のみの突極性によるトルクである。つまり、鉄心が磁石に引き寄せられる力である。そのトルク特性は、

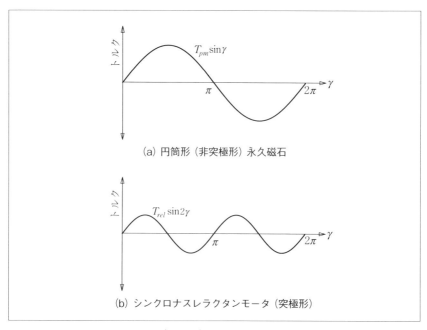

(a) 円筒形（非突極形）永久磁石

(b) シンクロナスレラクタンモータ（突極形）

〔図 3-3〕トルク特性

高調波成分を除くと次式のように表せる。

$$T = T_{rel} \sin 2\gamma \quad \cdots\cdots\cdots\cdots\cdots\cdots\cdots\cdots\cdots\cdots\cdots\cdots \quad (3\text{-}3)$$

ここでトルクは磁気的突極性によって生じるトルクであり、マグネットトルクとは原因が異なる。このようなトルクを**リラクタンストルク**という。

図3-2 (c) のように、回転子が突極でかつ励磁されている場合は前記のマグネットトルクとリラクタンストルクが同時に発生するので次式となる。

$$T = T_{pm} \sin\gamma + T_{rel} \sin 2\gamma \quad \cdots\cdots\cdots\cdots\cdots\cdots\cdots\cdots \quad (3\text{-}4)$$

トルク特性は図3-3 (c) のようになり、合成トルクはトルク角γが$\pi/2$（電気角）より小さい角度で最大となる。

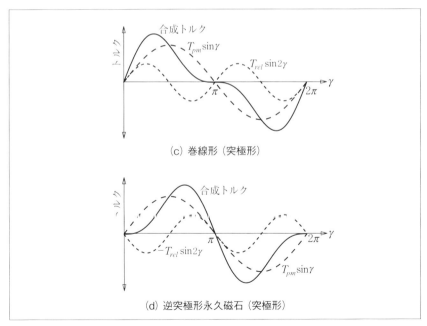

〔図3-3〕トルク特性

図 3-2 (d) は、回転子が突極でかつ永久磁石により励磁されているので、前記のマグネットトルクとリラクタンストルクが同時に発生するので次式となる。ただし、磁気的な突極性は電気角で $\pi/2$ ずれているので、発生トルクは次式となる。

$$T = T_{pm} \sin \gamma - T_{rel} \sin 2\gamma \quad \cdots\cdots\cdots\cdots\cdots\cdots\cdots\cdots \quad (3\text{-}5)$$

トルク特性は図 3-3 (d) のようになり、合成トルクはトルク角 γ が $\pi/2$ (電気角) より大きい角度で最大となる。

ここで、図 3-2 (d) の逆突極形永久磁石同期モータの自己インダクタンスについて説明する。前述したように、永久磁石の透磁率は空気のそれとほぼ等しいために、永久磁石の磁化方向には外部の磁束が通りにくい。つまり磁気抵抗が大きく自己インダクタンスは小さくなる。永久磁石と電気角で $\pi/2$ の方向には外部の磁束が通りやすく、自己インダクタンスは大きくなる。したがって、自己インダクタンスは回転磁界の方向 (反時計回り) に θ をとり、2θ より高い高調波成分を無視すると図 3-4 のようになる。式で表すと

$$L_u = L_1 - L_2 \cos 2\theta \quad \cdots\cdots\cdots\cdots\cdots\cdots\cdots\cdots \quad (3\text{-}6)$$

となる。

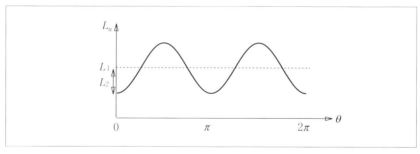

〔図 3-4〕u 相自己インダクタンス

(2) 同期モータの構造による分類と高効率化の方法

　同期モータの高効率化のための構造面での有効な手段について述べる。モータ損失には、大別して銅損、鉄損、機械損があるが、そのうちの銅損と鉄損の改善について、文献 [3-7] で検討されている。

　銅損は巻線抵抗に流れる電流によって発生するジュール損であるので、これを低減するには、巻線抵抗を小さくする方法と必要な電流量を小さくする方法がある。前者については、占積率を大きくする、つまり巻線スペースに太く短く巻線を巻くことである。巻線方式には分布巻と集中巻があるが、集中巻は巻線の周長が短くなり抵抗値を減らすことができる。ただし、磁束鎖交数は減る傾向にあるのでその分電流を多く流さなければならないので、バランスを考える必要がある。また、分割コアや展開コアを用いると占積率を向上することができる。

　後者は、トルクが式 (3-5) で与えられるので、永久磁石の磁束を増加させてマグネットトルクを増加させる方法とインダクタンスの差を大きくしてリラクタンストルクを増加させる方法によって、必要なトルクを発生させるための電流を減少させて銅損を削減する方法である。したがって、図 3-2 (d) の埋込磁石形はリラクタンストルクを利用できるので、図 3-2 (a) の円筒形よりも銅損が少なく、効率が高くなる。そして磁石形状については色々な形状が提案されている。例えば、埋込磁石同期モータでは、軽負荷高速回転領域での効率低下という問題があるといわれているが、リラクタンストルクを主としマグネットトルクを補助的に用いる用に設計すればこの問題を軽減することができるという報告がある [3-8]。また、小型のブラシレス DC モータでよく採用される矩形波駆動 (120 度通電) 方式より、正弦波駆動方式の方が、同じトルクを発生させるための実効値電流が小さいので、銅損を低くすることができる。

　鉄損については、板厚が 0.5 mm から 0.35 mm の低鉄損の電磁鋼板を使用する方法が一般的である。ただし、モータのように複雑な形状の場合、かしめや打ち抜きなどの製造上の加工歪のために、鉄損は素材データの特性より劣化してしまうといわれている。それに対して、高温で数時間放置する焼鈍工程で加工歪を取り除くことも行われている。

3-2 1相分等価回路
(1) 円筒形同期モータの等価回路の導出

ここでは、逆突極形の同期モータの一般式を導出するが、等価回路については円筒形同期モータの場合のみを導出する。図3-5に示す三相分の等価回路で考える。ここで、$R_a, L_u', L_v', L_w', M_{uv}', M_{vw}', M_{wu}'$は電機子巻線抵抗、$u, v, w$相電機子巻線の自己インダクタンス、各巻線間の相互インダクタンスである。ここで、導出される等価回路の定数に'をつけないで表すために、ここでは定数に'を付けて表している。また、v_u, v_v, v_wはu, v, w相電機子電圧、i_u, i_v, i_wはu, v, w相電機子電流、θ_rはu相電機子巻線から反時計回りに取った回転子のN極の位置を表す電気角度である。2章で示したが、回転子の電気角で表した回転角速度ω_rの時間に対する積分がθ_rである。

$$\theta_r = \int \omega_r dt \quad \cdots\cdots\cdots\cdots\cdots\cdots\cdots\cdots\cdots\cdots\cdots\cdots\cdots\cdots\cdots (2\text{-}14)$$

また、回転子の機械角で表した回転角速度ω_mと電気角で表した回転角速度ω_rの間には下記の関係がある。

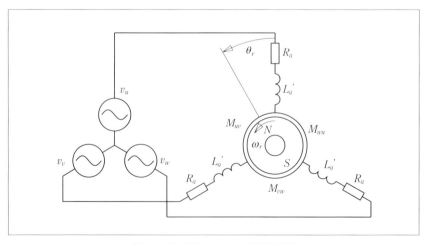

〔図3-5〕同期モータの等価回路

$$\omega_r = p\omega_m \quad \cdots\cdots\cdots\cdots\cdots\cdots\cdots\cdots\cdots\cdots\cdots\cdots\cdots \quad (2\text{-}15)$$

図 3-4 の回路に対する電圧方程式は下式のようになる。

$$\begin{Bmatrix} v_u \\ v_v \\ v_w \end{Bmatrix} = \begin{bmatrix} R_a + PL_u{}' & PM_{uv}{}' & PM_{wu}{}' \\ PM_{uv}{}' & R_a + PL_u{}' & PM_{vw}{}' \\ PM_{wu}{}' & PM_{vw}{}' & R_a + PL_u{}' \end{bmatrix} \begin{Bmatrix} i_u \\ i_v \\ i_w \end{Bmatrix} + \begin{Bmatrix} e_u \\ e_v \\ e_w \end{Bmatrix} \quad \cdots \quad (3\text{-}7)$$

ここで、磁石による磁束鎖交数を次式で仮定すると

$$\begin{Bmatrix} \phi_u \\ \phi_v \\ \phi_w \end{Bmatrix} = \begin{Bmatrix} \phi_f{}'\cos\theta_r \\ \phi_f{}'\cos\left(\theta_r - \dfrac{2}{3}\pi\right) \\ \phi_f{}'\cos\left(\theta_r - \dfrac{4}{3}\pi\right) \end{Bmatrix} \quad \cdots\cdots\cdots\cdots\cdots\cdots\cdots\cdots \quad (3\text{-}8)$$

磁石による誘導起電力は次式で表される。

$$\begin{Bmatrix} e_u \\ e_v \\ e_w \end{Bmatrix} = \begin{Bmatrix} -\omega_r\phi_f{}'\sin\theta_r \\ -\omega_r\phi_f{}'\sin\left(\theta_r - \dfrac{2}{3}\pi\right) \\ -\omega_r\phi_f{}'\sin\left(\theta_r - \dfrac{4}{3}\pi\right) \end{Bmatrix} \quad \cdots\cdots\cdots\cdots\cdots\cdots\cdots \quad (3\text{-}9)$$

自己インダクタンスは式 (3-6) において、もれインダクタンスも考慮して次式となる。

$$\begin{aligned}
L_u{}' &= l + L_1{}' - L_2{}'\cos 2\theta_r \\
L_v{}' &= l + L_1{}' - L_2{}'\cos\left\{2\left(\theta_r - \dfrac{2}{3}\pi\right)\right\} = l + L_1{}' - L_2{}'\cos\left(2\theta_r - \dfrac{4}{3}\pi\right) \\
L_w{}' &= l + L_1{}' - L_2{}'\cos\left\{2\left(\theta_r - \dfrac{4}{3}\pi\right)\right\} = l + L_1{}' - L_2{}'\cos\left(2\theta_r - \dfrac{2}{3}\pi\right)
\end{aligned}$$
$$\cdots (3\text{-}10)$$

また、相互インダクタンスは次式となる。

$$M_{uv}' = -\frac{1}{2}L_1' - L_2'\cos\left(2\theta_r - \frac{2}{3}\pi\right)$$

$$M_{vw}' = -\frac{1}{2}L_1' - L_2'\cos 2\theta_r \quad \cdots\cdots\cdots\cdots (3\text{-}11)$$

$$M_{wu}' = -\frac{1}{2}L_1' - L_2'\cos\left(2\theta_r - \frac{4}{3}\pi\right)$$

ここで定常状態の1相分等価回路を導出するために、円筒形について考える。つまり、$L_2'=0$ とする。同期モータでは回転子は回転磁界と同期しているので、電源の角周波数は $\omega = \omega_r$ となる。誘導電動機のときと同様に複素表示すると、

$$\dot{V} = R_a \dot{I} + j\omega l\dot{I} + j\omega\frac{3}{2}L_1'\dot{I} + \dot{E} = R_a\dot{I} + j\omega L_1\dot{I} + \dot{E}_0 \quad \cdots (3\text{-}12)$$

となる。ここで $R_a + j\omega L_1$ を同期インピーダンス、ωL_1 を同期リアクタンスという。

(2) 1相分等価回路を用いた特性

式(3-12)を回路で表現すると、同期モータの1相分等価回路は図3-6で示される。この等価回路を用いて、定常状態の基本的な特性を検討しよう。1章のDCモータで説明したように、DCモータは同時にDC発電

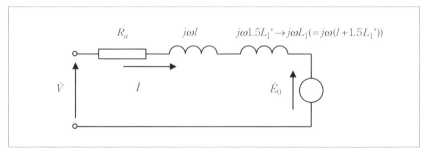

〔図3-6〕円筒形同期モータの1相分等価回路

機として動作しており、発電機動作とモータ動作の違いは、図3-7（a）に示されるように、電機子電流 I_a 向きの違いだけである。すなわち、DCモータでは $VI_a>0$ で $E_0I_a<0$ のとき、エネルギーは電源 V から E_0 側へ移るモータ動作動作をして、$VI_a<0$ で $E_0I_a>0$ のとき、運動エネルギーが E_0 側から電源 V を充電する発電機動作をする。

同期モータの場合は交流であるが全く同様に電力の流れで考えればよい。すなわち、同期モータでは $\mathrm{Re}(\dot{V}\dot{I}_a^*)>0$ で $\mathrm{Re}(\dot{E}_0\dot{I}^*)<0$ のときモータ動作、逆に $\mathrm{Re}(\dot{V}\dot{I}_a^*)<0$ で $\mathrm{Re}(\dot{E}_0\dot{I}^*)>0$ のとき発電機動作である。ここで、*は共役複素数を表す。

図3-6よりフェーザ図を描くと図3-8のようになる。ここで、$\dot{V}$ と $\dot{E}$ の角度 δ を**内部相差角**という。図より次式が成立する。

$$\begin{aligned}
\dot{V} &= V\cos\delta + jV\sin\delta \\
\dot{I} &= \frac{\dot{V}-E_0}{R_a+j\omega L_1} \\
P_{in} &= 3\,\mathrm{Re}(\dot{V}\dot{I}^*) \\
P_o &= 3E_0\,\mathrm{Re}(\dot{I}^*) \\
W_{cop} &= 3R_aI^2 \\
\eta &= \frac{P_{out}}{P_{in}}
\end{aligned} \quad\quad\quad\quad (3\text{-}13)$$

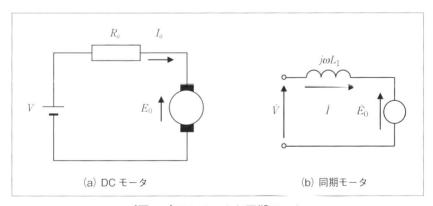

〔図3-7〕DCモータと同期モータ

これらの式を用いて、内部相差角 δ を変えながら諸特性を計算することができる。一例として、電機子抵抗 $R_a = 0.9\ \Omega$、自己インダクタンス $L_1 = 20\ \mathrm{mH}$、極対数 $p = 2$、磁束鎖交数 $\phi_f = \sqrt{3/2}\phi_f' = 0.22$ の同期モータを対象として、電源電圧および電源周波数一定、従って回転速度一定時の負荷特性を図3-9に示す。電機子電流は無負荷時でも定格の1/2程度流れているが、負荷と共に大きくなる。力率は、無負荷時では約0であり、負荷と共に大きくなる。効率は出力電力 = 0 のとき 0 であるが、軽負荷でも高い値を示し、負荷と共にわずかに減少する。

式 (3-13) より出力と内部相差角 δ の関係を求めると

$$P_{out} = 3\frac{E_0 V}{\omega L_1}\sin\delta \quad \cdots\cdots\cdots\cdots\cdots\cdots\cdots\cdots\cdots\cdots (3\text{-}14)$$

となる。実際に式 (3-13) を用いて、出力と内部相差角 δ の関係を求めると図3-10のようになる。図より、電機子抵抗 R_a を無視すると内部相差角 $\delta = 90$ 度のときに出力（あるいはトルク）は最大となる。ただし、図からわかるように、電機子抵抗を考慮すると内部相差角 δ が 90 度より小さい値のとき出力は最大となることが分かる。

次に、位相特性について考える。図3-11 (a) は、図3-8において電機

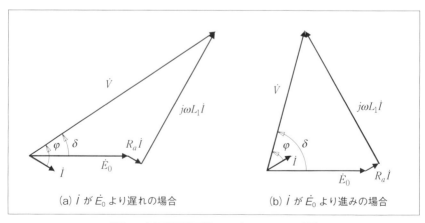

〔図3-8〕円筒形同期モータのフェーザ図

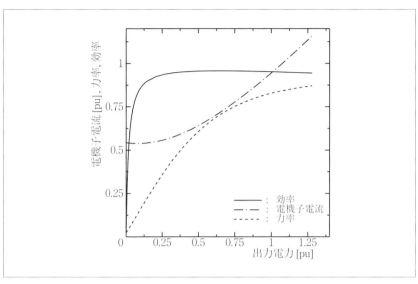

〔図 3-9〕同期モータの電圧周波数一定時の負荷特性の例

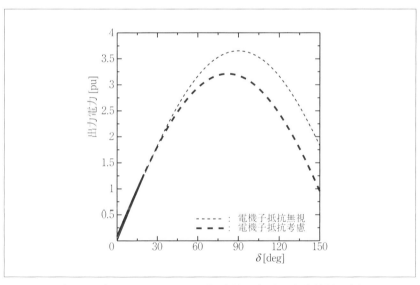

〔図 3-10〕同期モータの電圧周波数一定時の負荷特性の例

子抵抗 R_a を無視した場合のフェーザ図である。ベクトルの順番を入れ替えても成立するので、図 (b) が得られる。更に諸量に $1/j\omega L_1$ を乗じて $\dfrac{\dot{V}}{j\omega L_1}$ を基準に描くと、図 (c) が得られる。この図において、電機子電圧 V と出力電力を一定とし、界磁電流によって起電力 E_0 を変える場合を考える。$R_a=0$ の場合、出力電力は $P_o=3\mathrm{Re}(\dot{V}\dot{I}^*)$ であるので、点 A の軌跡は破線上を移動することがわかる。例えば、点 A は破線上を左から右へと移動するとき、力率は進みから 1 に、そして遅れに変化する。そして力率 1 のとき電機子電流は最小になることが分かる。式 (3-13) を用いて繰り返し計算を行いながら出力一定時の電機子電流を求めると

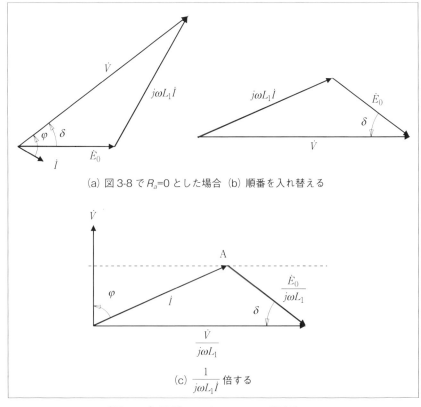

(a) 図 3-8 で $R_a=0$ とした場合　(b) 順番を入れ替える

(c) $\dfrac{1}{j\omega L_1}$ 倍する

〔図 3-11〕同期モータのフェーザ図その 2

図3-12のようになる。図3-12を位相特性曲線あるいは**V曲線**という。図より、界磁電流を変えることによって、力率を1に制御すれば、電機子電流を小さくすることができる。

なお、永久磁石を用いた界磁の場合もd軸電流を変えることによって

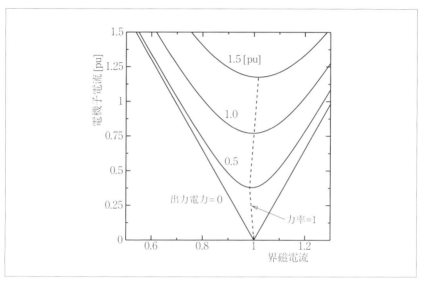

〔図3-12〕同期モータの位相特性の例

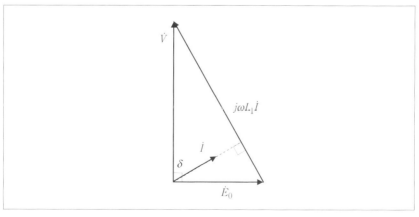

〔図3-13〕$\delta = \pi$時のフェーザ図

界磁の強さを変えることができるので、力率を制御できる。

【問 3-1】
　式 (3-14) より、$\delta = \pi/2$ で出力は最大となる。このときのフェーザ図を描け。ただし、電機子抵抗は無視する。

【解】
　同期モータの一般的なフェーザ図である図 3-8 において $R_a = 0$ とする。内部相差角 $\delta = \pi/2$ であるので、E_0 を基準に取ると図 3-13 に示すように $\dot{V}$ は垂直になり、$j\omega L_1 \dot{I}$ は斜めの線となる。それに直角に $\dot{I}$ を描けばよい。従って、$\dot{I}$ は E_0 より進み電流となる。　　　　　　　　　　【解終了】

❖コーヒーブレイク：ブラシレス DC モータとして回る磁石コマ

　ここで、ちょっと頭を休める意味で、著者が子ども理科教室で作成した「ブラシレス DC モータとして回る磁石コマ」を紹介しよう。

　ブラシレス DC モータは、1 章で説明した DC モータのブラシと整流子の役目を半導体スイッチに置き換えたもので、回転子の角度をセンサで検出して、回転子の角度に応じて半導体スイッチを ON、OFF して動作するモータである。ここでは、磁石でできたコマをリードスイッチを用いて、コマの回転角度に応じて回路を ON、OFF させて回すものである。用意するものは、片面2極型フェライト磁石、竹串、ボルト、ナット（3個）、LED、リードスイッチ、スライドスイッチ、単三電池、電池ケース、銅線、紙やすり、プラスチックカップ、厚紙（台座用）である。これを用いて、図 3-14 (a) の写真のようなものを作成する。構成は (b) に示すように、ボルトにエナメル線を巻いた電磁石、リードスイッチ、電池が直列になっている。電磁石とリードスイッチは、厚紙で出来た台座に固定して、プラスチックのふた近くにくるようにプラスチックのカップ内に置く。先を尖らせた竹串をフェライト磁石に挿入してコマを作る。乾電池のスイッチを入れた後に、リードスイッチと電磁石の付近のプラスチックカップのふたの上で、手でコマを回すと回り続けるというものである。コマの N（あるいは S）極が来たときリードスイッチが ON、OFFして電磁石ができたり消滅したりして、電磁石とコマの磁極の吸引力で回転する、機能的にはブラシレス DC モータである。

　コマが電磁石とリードスイッチの上のプラスチックカップの上で回転するが、図 3-15 を用いてその原理を説明する。図 (a) はコマの S 極が電磁石の S 極に近いときの状態である。コマは時計回りに回転しているとする。コマの磁界によってリードスイッチが ON するが、その領域は図の A から B である。ここで、リードスイッチが ON すると電磁石ができるので、磁界は強め合って、リードスイッチが ON している角度が C にまで広がる。その結果、A（と A'）領域ではブレーキ力、B+C（と B'+C'）領域では回転力となる。領域 A のブレーキ力と領域 B の回転力の積分はほぼ等しくなるので、C の回転力のみが残る。逆に、図 (b) はコ

マのN極が電磁石のS極に近いときの状態である。図(a)と異なるのは、リードスイッチがONしてできた電磁石の磁界はコマの磁界を弱める点である。そのためリードスイッチがONしている領域がDのようにBより狭くなる。その結果、A（とA'）領域では回転力、D（とD'）領域ではブレーキ力となるので、ブレーキ力の働く領域が狭くなる。以上、どちらの場合も回転力の働く領域が広くなるので、コマには回転力が働き回転し続ける。

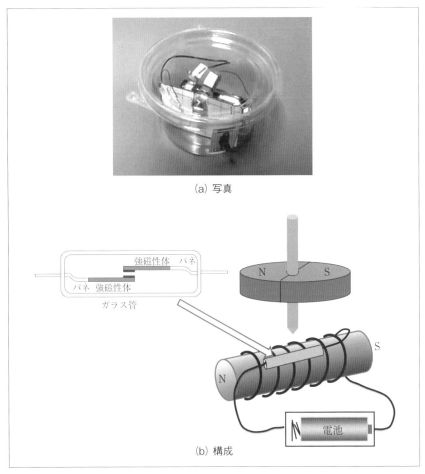

〔図3-14〕ブラシレスDCモータとして回る磁石コマ

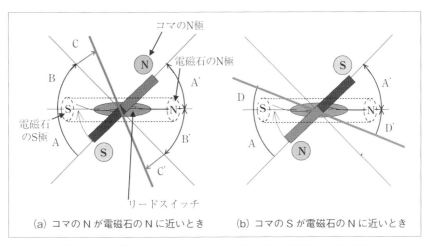

〔図 3-15〕ブラシレス DC モータとして回る磁石コマの原理

3-3 ベクトル制御用回路方程式と等価回路
(1) 同期モータの座標変換

2章の誘導電動機のところで述べたように、ベクトル制御とは交流電動機の制御方法の一つであり、電流を磁束に相当する電流成分とトルクに相当する電流成分の2成分に分けて、それぞれの電流成分を独立に制御する方式のことである。これを行うには、図 3-5 の回路に対する電圧方程式である式 (3-7) に座標変換を施す。それには、式 (2-67) で表される u, v, w の対称三相巻線を α、β の直交2巻線軸に変換する変換行列 $\mathbf{C}_{\alpha\beta}$ をとる。ただし、式 (2-67) の 3 行目は省略すると以下となる。

$$\mathbf{C}_{\alpha\beta} = \sqrt{\frac{2}{3}} \begin{bmatrix} 1 & -1/2 & -1/2 \\ 0 & \sqrt{3}/2 & -\sqrt{3}/2 \end{bmatrix} \quad \cdots\cdots\cdots\cdots\cdots\cdots (3\text{-}15)$$

次に、固定された直交2軸をもつ dq 座標に変換する。前述した誘導電動機の場合はどこにとってもよかったが、同期電動機の場合は界磁の向きを d 軸にとり、q 軸は d 軸に対して $\pi/2$ 進んだ軸とする。静止してる α、β の直交2巻線軸と回転する直交2巻線軸 d, q の関係を示す図 2-25 より、$\alpha\beta$ 座標系から dq 座標系への変換行列は次式で表される。

$$\mathbf{C}_{dq} = \begin{bmatrix} \cos\theta_r & \sin\theta_r \\ -\sin\theta_r & \cos\theta_r \end{bmatrix} \quad \cdots\cdots\cdots\cdots\cdots\cdots\cdots\cdots (3\text{-}16)$$

式 (3-7) を $\mathbf{v} = \mathbf{Zi} + \mathbf{C}$ とした場合、式 (3-15) の変換

$$\mathbf{C}_{\alpha\beta}\mathbf{v} = \mathbf{C}_{\alpha\beta}\mathbf{Z}\mathbf{C}_{\alpha\beta,\mathbf{t}} + \mathbf{C}_{\alpha\beta}\mathbf{i} + \mathbf{C}_{\alpha\beta}\mathbf{C} \quad \cdots\cdots\cdots\cdots\cdots (3\text{-}17)$$

を行うと

$$\begin{Bmatrix} v_\alpha \\ v_\beta \end{Bmatrix} = \begin{bmatrix} R_a + P\{L_1 + L_2\cos(2\theta_r)\} & PL_2\sin(2\theta_r) \\ PL_2\sin(2\theta_r) & R_a + P\{L_1 - L_2\cos(2\theta_r)\} \end{bmatrix} \begin{Bmatrix} i_\alpha \\ i_\beta \end{Bmatrix}$$
$$+ \omega_r\phi_f \begin{Bmatrix} -\sin\theta_r \\ \cos\theta_r \end{Bmatrix} \quad \cdots (3\text{-}18)$$

ただし、

$$L_1 = l + \frac{3}{2}L_1', \quad L_2 = -\frac{3}{2}L_2', \quad \phi_f = \sqrt{\frac{3}{2}}\phi_f \quad \cdots\cdots\cdots\cdots (3\text{-}19)$$

次に式 (3-18) に式 (3-16) の変換を行う

$$\mathbf{C}_{dq}\mathbf{v}_{\alpha\beta} = \mathbf{C}_{dq}\mathbf{Z}_{\alpha\beta}\mathbf{C}_{dq,\mathbf{t}} + \mathbf{C}_{dq}\mathbf{i}_{\alpha\beta} + \mathbf{C}_{dq}\mathbf{C}_{\alpha\beta} \quad \cdots\cdots\cdots (3\text{-}20)$$

を行う。ここで微分演算子 P の及ぶ範囲に注意すると

$$\begin{aligned}
\mathbf{C}_{dq}\mathbf{Z}_{\alpha\beta}\mathbf{C}_{dq,\mathbf{t}} &= \mathbf{C}_{dq}\mathbf{R}_{\alpha\beta}\mathbf{C}_{dq,\mathbf{t}} + \mathbf{C}_{dq}P\mathbf{L}_{\alpha\beta}\mathbf{C}_{dq,\mathbf{t}} \\
&= \mathbf{C}_{dq}\mathbf{R}_{\alpha\beta}\mathbf{C}_{dq,\mathbf{t}} + \mathbf{C}_{dq}\mathbf{L}_{\alpha\beta}\mathbf{C}_{dq,\mathbf{t}}P + \mathbf{C}_{dq}\frac{\partial \mathbf{L}_{\alpha\beta}}{\partial \theta_r}\mathbf{C}_{dq,\mathbf{t}}P\theta_r \\
&\quad + \mathbf{C}_{dq}\mathbf{L}_{\alpha\beta}\frac{\partial \mathbf{C}_{dq,\mathbf{t}}}{\partial \theta_r}P\theta_r \quad \cdots (3\text{-}21)
\end{aligned}$$

となるので

$$\begin{Bmatrix} v_d \\ v_q \end{Bmatrix} = \begin{bmatrix} R_a + PL_d & -\omega_r L_q \\ \omega_r L_d & R_a + PL_q \end{bmatrix} \begin{Bmatrix} i_d \\ i_q \end{Bmatrix} + \begin{Bmatrix} 0 \\ \omega_r \phi_f \end{Bmatrix} \quad \cdots\cdots (3\text{-}22)$$

ただし、

$$L_d = l + \frac{3}{2}(L_1' - L_2') = L_1 + L_2, \quad L_q = l + \frac{3}{2}(L_1' + L_2') = L_1 - L_2$$
$$\cdots (3\text{-}23)$$

ここで、v_d, v_q, i_d, i_q は d 軸固定子電圧、q 軸固定子電圧、d 軸固定子電流、q 軸固定子電流である。式 (3-22) が **dq 座標系の同期モータの式**である。式 (3-23) において、v_d, v_q, i_d, i_q は直流となるので、制御を行う上で扱いやすくなる。

【問 3-2】
　式 (3-22) において、v_d, v_q, i_d, i_q が直流となることを示せ。
【解】
　電流を次式で仮定する。

$$\begin{Bmatrix} i_u \\ i_v \\ i_w \end{Bmatrix} = \sqrt{2}I \begin{Bmatrix} \cos\theta \\ \cos(\theta - 2\pi/3) \\ \cos(\theta - 4\pi/3) \end{Bmatrix} \quad \cdots\cdots\cdots\cdots\cdots\cdots\cdots\cdots\cdots (3\text{-}24)$$

式 (3-15)、(3-16) を用いて、式 (3-17)、(3-20) の左辺に代入すれば

$$\mathbf{C}_{\alpha\beta}\mathbf{i} = \sqrt{\frac{2}{3}} \begin{bmatrix} 1 & -1/2 & -1/2 \\ 0 & \sqrt{3}/2 & -\sqrt{3}/2 \end{bmatrix} \sqrt{2}I \begin{Bmatrix} \cos(\theta) \\ \cos(\theta - 2\pi/3) \\ \cos(\theta - 4\pi/3) \end{Bmatrix} = \sqrt{3}I \begin{Bmatrix} \cos\theta \\ \sin\theta \end{Bmatrix}$$

$$\begin{Bmatrix} i_d \\ i_q \end{Bmatrix} = \mathbf{C}_{dq}\mathbf{C}_{\alpha\beta}\mathbf{i} = \begin{bmatrix} \cos\theta_r & \sin\theta_r \\ -\sin\theta_r & \cos\theta_r \end{bmatrix} \sqrt{3}I \begin{Bmatrix} \cos\theta \\ \sin\theta \end{Bmatrix} = \sqrt{3}I \begin{Bmatrix} \cos(\theta - \theta_r) \\ \sin(\theta - \theta_r) \end{Bmatrix}$$

同期モータなので、θ は θ_r と同じ角速度 ω_r で回転するので

$$\theta_r = \omega_r t$$
$$\theta = \omega_r t + \pi/2 + \beta \quad \cdots\cdots\cdots\cdots\cdots\cdots\cdots\cdots\cdots\cdots (3\text{-}25)$$

を代入すると

$$\begin{Bmatrix} i_d \\ i_q \end{Bmatrix} = \sqrt{3}I \begin{Bmatrix} -\sin\beta \\ \cos\beta \end{Bmatrix} \quad \cdots\cdots\cdots\cdots\cdots\cdots\cdots\cdots\cdots\cdots (3\text{-}26)$$

上式より i_d, i_q は t を含まないので直流であることが分かる。電圧についても同様である。$\theta_r = \omega_r t + 0.5\pi + \beta_v$ とおくと次式が得られる。

$$\begin{Bmatrix} v_d \\ v_q \end{Bmatrix} = \sqrt{3}V \begin{Bmatrix} -\sin\beta_v \\ \cos\beta_v \end{Bmatrix} \quad \cdots\cdots\cdots\cdots\cdots\cdots\cdots\cdots\cdots\cdots (3\text{-}27)$$

$\sqrt{3}V$ は線間電圧の実効値を表す。　　　　　　　　　　　　【解終了】

　以上、θ と θ_r を式 (3-25) とおくと電流が式 (3-26) となることを示したが、ここで式 (3-25) の意味を説明しよう。図 3-2 逆突極形永久磁石同期モータを 2 極について示すと、図 3-16 のようになる。矢印➡はギャップ

における磁界の向きを示す。回転子の磁石が作る磁極を N_r、S_r、電機子電流が作る磁極を N_s、S_s とし、N_r を d 軸として横軸に表している。磁石は回転しているが、磁石がこの位置にある時刻での磁界の向きを示している。図3-2 と図3-3 で説明したように、回転子の磁界 N_r と回転磁界の磁界 S_s の電気角 γ が $\pi/2$ より少し大きい値のときトルクは最大となる。図3-16 はその状態を示している。図3-17 はそのときの磁界のベクトル図で示したものである。回転子の回転と同期して d 軸 q 軸が回転するが、フェーザ図ではないことに注意されたい。式 (3-8) であたえた u 相の磁束鎖交数 $\phi_u = \phi_f' \cos\theta_r$ において、式 (3-25) $\theta_r = \omega_r t$ を代入すると、

$$\phi_u = \phi_f' \cos(\omega_r t) \quad \cdots\cdots\cdots\cdots\cdots\cdots\cdots\cdots\cdots\cdots\cdots\cdots\cdots \quad (3\text{-}28)$$

式 (3-24) であたえた u 相の電流 $i = \sqrt{2}I\cos\theta$ において、式 (3-25) $\theta = \omega_r t + \pi/2 + \beta$ を代入すると、

$$i_u = \sqrt{2}I'\cos(\omega_r t + \pi/2 + \beta) \quad \cdots\cdots\cdots\cdots\cdots\cdots\cdots\cdots \quad (3\text{-}29)$$

ここで、電流は遅れなく磁束を作ることを考えると、電機子電流による磁界は磁石による磁界の d 軸より $(\pi/2+\beta)$ 進むといえる。$\pi/2$ 進んだ

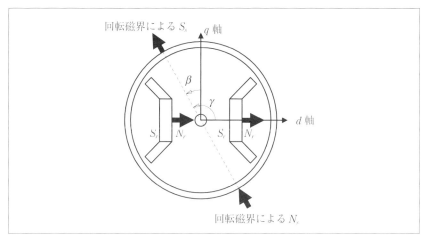

〔図 3-16〕磁界の向き

位置が q 軸で、q 軸よりさらに進んだ角度 β を**進角**(しんかく)という。

さて、回転子が回転角速度 ω_r で回転する場合、磁石によって電機子巻線に発生する起電力は交流となる。**ファラデーの電磁誘導の法則**より、磁束の変化による起電力は

$$e_{0u} = \frac{\partial \phi_u}{\partial t} = \omega_r \phi_f {}' \cos(\omega_r t + \pi/2) \quad \cdots\cdots\cdots\cdots\cdots\cdots (3\text{-}30)$$

である。ここで、ϕ_u は巻数も含めた磁束鎖交数で、起電力の向きを電流と逆向きに取っているのでマイナス($-$)は付かない。式(3-28)、(3-29)、(3-30)において、u 相を表すドツキの u を省略してフェーザ図を表すと図 3-18 のようになる。まとめると、磁束鎖交数 ϕ を d 軸にとったとき起電力 E_0 は $\pi/2$ 進んだ q 軸と一致する。そして、θ を式(3-25)のようにとることは、E_0 の q 軸より進角 β 進んだ電流を流すことに相当する。逆に、進角 β の電流を流したときの i_d, i_q は式(3-26)で表されるということも出来る。このフェーザ図は図 3-8 に示した円筒形同期モータの 1

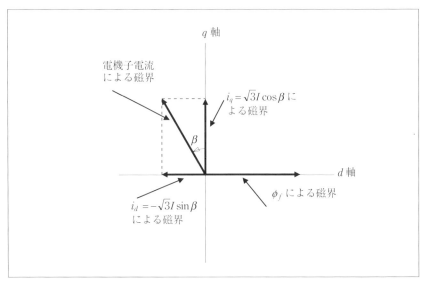

〔図 3-17〕磁界のベクトル図

- 162 -

相分等価回路のフェーザ図と緒量の関係が同じであることがわかる。なお、図 3-18 では電圧 V、電圧と電流の位相差 φ、内部相差角 δ も示している。

(2) dq 軸等価回路

dq 座標系の同期モータの基礎式である式 (3-22) を再記しよう。

$$\begin{Bmatrix} v_d \\ v_q \end{Bmatrix} = \begin{bmatrix} R_a + PL_d & -\omega_r L_q \\ \omega_r L_d & R_a + PL_q \end{bmatrix} \begin{Bmatrix} i_d \\ i_q \end{Bmatrix} + \begin{Bmatrix} 0 \\ \omega_r \phi_f \end{Bmatrix} \quad \cdots\cdots (3\text{-}22)$$

これを等価回路で表すと図 3-19 が得られる。この回路は**同期モータの dq 軸等価回路**とよばれる。

図 3-19 を用いてトルクについて考えよう。2 章の誘導電動機でも説明したように、ここで使用した座標変換を用いて求めた等価回路は電力が等しく不変であることを考慮して、d, q 軸等価回路で発生する出力 P_o について考える。起電力と電流の向きを考え、符号に注意すると

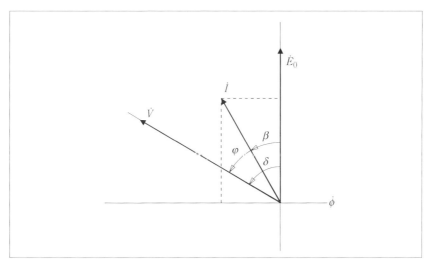

〔図 3-18〕電圧、電流のフェーザ図

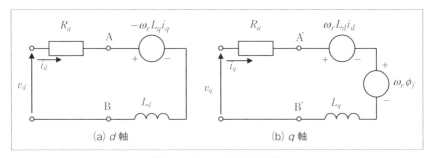

〔図 3-19〕d, q 軸等価回路

$$P_o = -\omega_r L_q i_q i_d + \omega_r L_d i_d i_q + \omega_r \phi_f i_q \quad \cdots\cdots\cdots\cdots\cdots\cdots (3\text{-}31)$$

となるので、トルクは次式となる。

$$T = \frac{P_o}{\omega_r / p} = p \phi_f i_q + p(L_d - L_q) i_d i_q \quad \cdots\cdots\cdots\cdots\cdots\cdots (3\text{-}32)$$

また、式 (3-26) の進角 β を用いると

$$T = p \phi_f I_a \cos\beta + \frac{1}{2} p(L_q - L_d) I_a^2 \sin(2\beta) \quad \cdots\cdots\cdots\cdots (3\text{-}33)$$

ここで、I_a は相電流実効値の $\sqrt{3}$ 倍、$I_a = \sqrt{3} I$ である。また、第1項が永久磁石によるマグネットトルクで第2項がリラクタンストルクであることが分かる。

(3) 銅損最小制御

　等価回路とトルクの式が求められたので、それらを用いて同期モータの特性を検討できる。まず、トルクの式を用いて同一電流に対して発生トルクを最大にすることを考えよう。

【問 3-3】
　電流に対して発生トルクを最大にする電流の式を求めよ。

【解】

トルクは式 (3-32) あるいは式 (3-33) で与えられるが、電流に対するトルクを考える場合、式 (3-31) が適する。このトルクを β について微分すればよい。

$$\frac{\partial T}{\partial \beta} = \frac{\partial}{\partial \beta}\left\{p\phi_f I_a \cos\beta + \frac{1}{2}p(L_q - L_d)I_a^2 \sin(2\beta)\right\}$$
$$= -p\phi_f I_a \sin\beta + p(L_q - L_d)I_a^2(1 - \sin^2\beta)$$

$\dfrac{\partial T}{\partial \beta} = 0$ とおくと

$$\sin\beta = \frac{-\phi_f \pm \sqrt{\phi_f^2 + 8(L_q - L_d)^2 I_a^2}}{4(L_q - L_d)I_a}$$

$$\therefore \beta = \sin^{-1}\left\{\frac{-\phi_f \pm \sqrt{\phi_f^2 + 8(L_q - L_d)^2 I_a^2}}{4(L_q - L_d)I_a}\right\} \quad \cdots\cdots\cdots (3\text{-}34)$$

また i_d, i_q の関係は次式となる。

$$i_d = \frac{\phi_f}{2(L_q - L_d)} \mp \sqrt{\frac{\phi_f^2}{4(L_q - L_d)^2} + i_q^2} \quad \cdots\cdots\cdots (3\text{-}35)$$

【解終了】

以上、電流に対して発生トルクを最大にする式を求めたが、逆にいうと、トルクに対して電機子電流が最小となるので、銅損が最小になることと等価である。従って、式 (3-34) あるいは (3-35) は銅損最小制御の式となる。ただし、鉄損抵抗は無視している。

図 3-20 は i_d, i_q の関係を表した図である。式 (3-34) と式 (3-35) には±があるが、上の符号が第 2 象限と一部は第 1 象限に対応し、下の号が第 4 象限に対応する。第 4 象限の電流の値は第 2 象限のそれより大きいの

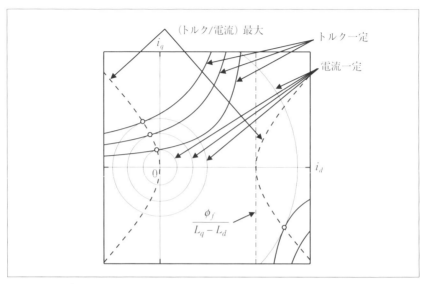

〔図 3-20〕(トルク/電流)最大制御時の電流(逆突極形)

で、**銅損最小制御**には適さない。

円筒形の場合の i_d, i_q の関係を図 3-21 に示す。円筒形のトルクは i_q に比例するので i_d 軸に平行な線となり、最大(トルク/電流)制御は $i_q=0$ となる。

(4) 鉄損最小制御

次に、(トルク/誘導起電力)最大化制御の条件を求めよう。式 (3-22) は次のように書くこともできる。

$$\begin{Bmatrix} v_d \\ v_q \end{Bmatrix} = \begin{bmatrix} R_a & 0 \\ 0 & R_a \end{bmatrix} \begin{Bmatrix} i_d \\ i_q \end{Bmatrix} + P\begin{bmatrix} L_d & 0 \\ 0 & L_q \end{bmatrix} \begin{Bmatrix} i_d \\ i_q \end{Bmatrix} + \begin{Bmatrix} v_{od} \\ v_{oq} \end{Bmatrix} \quad \cdots\cdots (3\text{-}36)$$

$$\begin{Bmatrix} v_{od} \\ v_{oq} \end{Bmatrix} = \begin{bmatrix} 0 & -\omega_r L_q \\ \omega_r L_d & 0 \end{bmatrix} \begin{Bmatrix} i_d \\ i_q \end{Bmatrix} + \begin{Bmatrix} 0 \\ \omega_r \phi_f \end{Bmatrix} \quad \cdots\cdots\cdots\cdots (3\text{-}37)$$

従って、

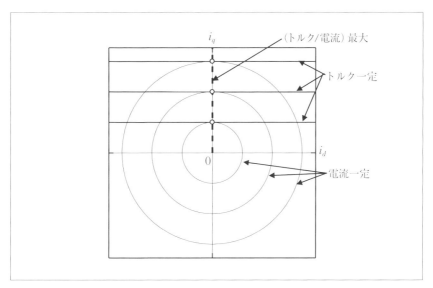

〔図 3-21〕(トルク / 電流) 最大制御時の電流 (円筒形)

$$\left(\frac{V_o}{\omega_r}\right)^2 = \frac{v_{od}^2 + v_{oq}^2}{\omega_r^2} = (\phi_f + L_d i_d)^2 + (L_q i_q)^2 \quad \cdots\cdots\cdots (3\text{-}38)$$

を用いて、

$$\frac{\partial T}{\partial i_d} = 0$$

とすればよい。結果を示すと

$$i_d = -\frac{\phi_f + X}{L_d} \quad \cdots\cdots\cdots\cdots\cdots\cdots\cdots\cdots\cdots\cdots\cdots (3\text{-}39)$$

$$i_q = \pm \frac{\sqrt{(V_o/\omega_r)^2 - X^2}}{L_q} \quad \cdots\cdots\cdots\cdots\cdots\cdots\cdots\cdots\cdots (3\text{-}40)$$

$$X = \frac{-L_q \phi_f \pm \sqrt{L_q^2 \phi_f^2 + 8(L_q - L_d)^2 (V_o/\omega_r)^2}}{4(L_q - L_d)} \quad \cdots\cdots\cdots (3\text{-}41)$$

図 3-22 はこのときの i_d, i_q の関係を表した図である。式 (3-40) と式 (3-41) には±があるが、銅損最小制御時と同じで、上の符号が第 2 象限（一部は第 1 象限）に対応し、下の号が第 4 象限に対応する。第 4 象限では低い誘導起電力に対して解がないので、上の符号が適する。また、円筒形の場合の i_d, i_q の関係を図 3-23 に示す。円筒形の場合は簡単な式で与えられる。

$$i_d = -\frac{\phi_f}{L_d} \quad \cdots\cdots\cdots\cdots\cdots\cdots\cdots\cdots\cdots\cdots\cdots\cdots\cdots\cdots\cdots\cdots\cdots\cdots\cdots\cdots\cdots\cdots\cdots (3\text{-}42)$$

以上、磁束鎖交数あるいは誘導起電力に対して発生トルクを最大にする式を求めたが、逆にいうと、トルクに対して磁束鎖交数あるいは誘導起電力が最小となる。鉄損は磁束の大きさの 2 乗に比例するので、鉄損が最小になることと等価である。従って、式 (3-39) から (3-41) は**鉄損最小制御**の式となる。ただし、鉄損抵抗を無視して導出したことに注意されたい。

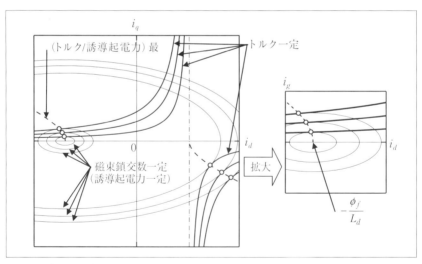

〔図 3-22〕（トルク/誘導起電力）最大制御時の電流（逆突極形）

【問 3-4】

問 3-1 で、円筒形同期モータをオープンループの一定電圧源で駆動した場合、内部相差角 $\delta = \pi/2$ で出力は最大となることを確認した。このことを最大（トルク／誘導起電力）の図 3-23 およびフェーザ図を示した図 3-18 を用いて説明せよ。

【解】

電機子抵抗を無視した定常状態では、電源電圧と誘導起電力は等しいので、電圧一定、トルク最大という問 3-1 の条件は最大（トルク／誘導起電力）と同じである。円筒形の場合は式 (3-42) が条件であるので、式 (3-37) あるいは式 (3-38) より、i_d による磁束が永久磁石の磁束を完全に打ち消すことになる。図 3-24 はそのときの図 3-17 と図 3-18 を示す。図 (a) より、i_d による磁束は永久磁石の磁束を打ち消すので i_q による磁束のみとなる。図 3-17 から図 3-18 の導出で説明したが、磁束による起電力は $\pi/2$ 進むので、図 3-18 は図 3-24 (b) のようになる。つまり、q 軸方向の磁束による起電力が電機子電圧となり、E_0 より $\pi/2$ 進む。従って内部相差角 $\delta = \pi/2$ となる。

【解終了】

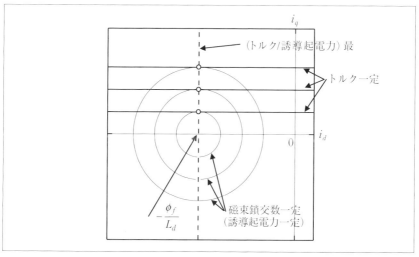

〔図 3-23〕（トルク／誘導起電力）最大制御時の電流（円筒形）

(5) 同期モータの MATLAB モデル

「2章の誘導電動機、2-5MATLAB モデル、(1) 状態変数からブロック線図へ」において状態線図からブロック図を求める方法を示した。それを用いて、同期モータの MATLAB モデルを作成しよう。

dq 座標系の同期モータの基礎式が式 (3-22) のように求められた。dq 軸の MATLAB モデルを求めるために、i_d, i_q の微分と R_a に関する項を左辺に持ってくると

$$P\begin{Bmatrix}L_d i_d \\ L_q i_q\end{Bmatrix} + R_a \begin{Bmatrix}i_d \\ i_q\end{Bmatrix} = \begin{Bmatrix}v_d \\ v_q\end{Bmatrix} - \begin{Bmatrix}-\omega_r L_q i_q \\ \omega_r \phi_f + \omega_r L_d i_d\end{Bmatrix} \quad \cdots\cdots (3\text{-}43)$$

微分をラプラス演算子に置き換えると

$$\begin{aligned}(sL_d + R_a)i_d &= v_d + \omega_r L_q i_q \\ (sL_q + R_a)i_q &= v_q - \omega_r \phi_f - \omega_r L_d i_d\end{aligned} \quad \cdots\cdots\cdots (3\text{-}44)$$

となる。ここで、$\omega_r L_q i_q$ は可変する ω_r を含むので、左辺には移動しないで右辺においている。式 (3-44) をブロック線図で表すと、図 3-25 のようになる。このブロックでは、3 相電圧と負荷トルクを入力とし、dq

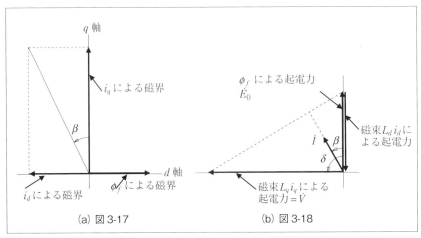

(a) 図 3-17　　　　　(b) 図 3-18

〔図 3-24〕i_d の磁界が ϕ_f 磁界を打ち消す場合

軸座標変換で dq 軸電圧を求めてモータ入力としている。なお、ϕ_f を phai としている。運動方程式も考慮して回転子の角度を求めて、最終的に固定子の電流 i_u, i_v, i_w と i_{ds}, i_{qs}、回転角速度（機械角）ω_m、回転速度（機械角）θ_m 発生トルク T を出力している。

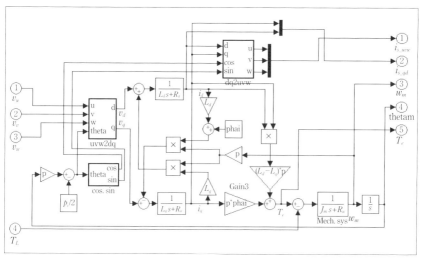

〔図3-25〕d, q 座標で表した同期電動機のブロック線図

3-4 鉄損を考慮した場合の等価回路、回路方程式、MATLAB モデル
(1) 等価回路、回路方程式、MATLAB モデル

以上、三相同期モータの2軸の方程式、MATLAB 上でのブロック線図を求めたが、鉄損が無視されていた。この節では、鉄損を考慮した場合の変更点について説明する。鉄損の考慮方法としては、図 3-19 に示される dq 軸等価回路において、誘導起電力に並列になるように A-B と A'-B' 間に鉄損抵抗 R_c を入れた図 3-26 の等価回路で表せるとする。図の回路方程式は

$$i_d = i_{od} + i_{cd} \quad \cdots\cdots\cdots\cdots\cdots\cdots\cdots\cdots\cdots\cdots\cdots\cdots (3\text{-}45)$$

$$i_q = i_{oq} + i_{cq} \quad \cdots\cdots\cdots\cdots\cdots\cdots\cdots\cdots\cdots\cdots\cdots\cdots (3\text{-}46)$$

$$i_{cd} = \frac{v_{od}}{R_c} = \frac{-\omega_r L_q i_{oq} + PL_d i_{od}}{R_c} \quad \cdots\cdots\cdots\cdots\cdots\cdots (3\text{-}47)$$

$$i_{cq} = \frac{v_{oq}}{R_c} = \frac{\omega_r \phi_f + \omega_r L_d i_{od} + PL_q i_{oq}}{R_c} \quad \cdots\cdots\cdots\cdots (3\text{-}48)$$

$$\begin{Bmatrix} v_d \\ v_q \end{Bmatrix} = R_a \begin{Bmatrix} i_{od} \\ i_{oq} \end{Bmatrix} + \left(1 + \frac{R_a}{R_c}\right) \begin{Bmatrix} v_{od} \\ v_{oq} \end{Bmatrix}$$

$$= R_a \begin{Bmatrix} i_{od} \\ i_{oq} \end{Bmatrix} + \left(1 + \frac{R_a}{R_c}\right) \begin{Bmatrix} -\omega_r L_q i_{oq} \\ \omega_r \phi_f + \omega_r L_d i_{od} \end{Bmatrix} + \left(1 + \frac{R_a}{R_c}\right) P \begin{Bmatrix} L_d i_{od} \\ L_q i_{oq} \end{Bmatrix}$$

$$\cdots (3\text{-}49)$$

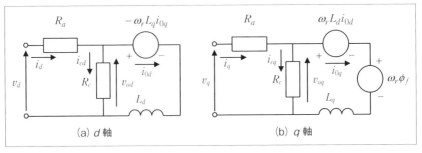

〔図 3-26〕鉄損を考慮した d, q 軸等価回路

また、等価回路の出力より、出力 P_o とトルク T は

$$P_o = \omega_r \phi_f i_{oq} + \omega_r L_d i_{od} i_{oq} - \omega_r L_q i_{oq} i_{od} \quad \cdots\cdots\cdots\cdots\cdots \quad (3\text{-}50)$$

$$T = p\{\phi_f i_{oq} + (L_d - L_q) i_{od} i_{oq}\} \quad \cdots\cdots\cdots\cdots\cdots\cdots \quad (3\text{-}51)$$

銅損 $\quad cop = R_a(i_d^2 + i_q^2) = R_a I_a^2 \quad \cdots\cdots\cdots\cdots\cdots\cdots \quad (3\text{-}52)$

鉄損 $\quad iron = \dfrac{1}{R_c}\left(v_{od}^2 + v_{oq}^2\right)$

$$= \dfrac{1}{R_c}\{(-\omega_r L_q i_{oq} + P L_d i_{od})^2 + (\omega_r \phi_f + \omega_r L_d i_{od} + P L_q i_{oq})^2\}$$
$$\cdots (3\text{-}53)$$

以上が鉄損抵抗を考慮した同期モータの基本式である。

鉄損抵抗を考慮した dq 座標で表した同期電動機のブロック線図を求めるために、式(3-49)を状態方程式に書き直すと

$$P\begin{Bmatrix} L_d i_{od} \\ L_q i_{oq} \end{Bmatrix} + \dfrac{R_a R_c}{R_a + R_c}\begin{Bmatrix} i_{od} \\ i_{oq} \end{Bmatrix} = \dfrac{R_c}{R_a + R_c}\begin{Bmatrix} v_d \\ v_q \end{Bmatrix} - \begin{Bmatrix} -\omega_r L_q i_{oq} \\ \omega_r \phi_f + \omega_r L_d i_{od} \end{Bmatrix}$$
$$\cdots (3\text{-}54)$$

となるので、ブロック線図は図3-27のようになる。この図では、入力 P_{in}、銅損 cop、鉄損 $iron$ なども出力することができる。

3章 同期モータ

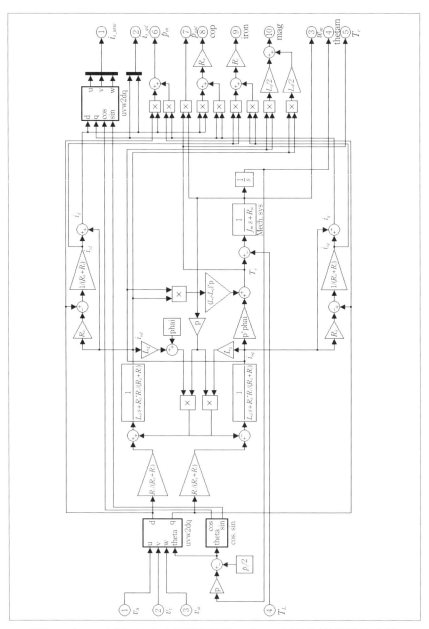

〔図3-27〕d, q 座標で表した同期電動機のブロック線図（鉄損抵抗考慮）

(2) 回路定数の求め方 [3-9]
(2-1) 電機子巻線抵抗

電機子巻線を Y 結線と考えて、測定温度 t[℃] のときの 2 端子間の抵抗 $R_1[\Omega]$ を測定し、1 相分の抵抗 $R_a[\Omega]$ は次式より求める。

$$R_a = \frac{R_1}{2} \frac{234.5 + T}{234.5 + t} \quad \cdots\cdots\cdots\cdots\cdots\cdots\cdots\cdots\cdots\cdots (3\text{-}55)$$

ここで、T は使用時の温度である基準巻線温度である。

(2-2) 磁束鎖交数 ϕ_f

モータを開放し、負荷側よりモータを駆動して線間電圧の基本波の実効値 V_t より次式で求める。

$$\phi_f = \frac{V_t}{\omega_r} \quad \cdots\cdots\cdots\cdots\cdots\cdots\cdots\cdots\cdots\cdots\cdots\cdots\cdots (3\text{-}56)$$

として求める。

(2-3) dq 軸インダクタンス L_d, L_q

モータを静止させて、電機子巻線の線間のインダクタンスをLCRメータを用いて測定し、以下のいずれかを用いる。

(a) 回転子を静止させる位置を少しずつずらせてインダクタンスの最小値の1/2を L_d とし、最大値の1/2を L_q とする。ただし、回転子は積層鉄心で、かつ制動巻線のない構造に適用される。なお、測定周波数が高いと渦電流の影響を受けやすい。

(b) 回転子を固定して電機子端子UV、VW、WUの3箇所のインダクタンスを測定し次式よりも求める。

$$K = \frac{L_{UV} + L_{VW} + L_{WU}}{3}$$

$$M = \sqrt{(L_{VW} - K)^2 + \frac{(L_{WU} - L_{UV})^2}{3}}$$

$$L_d = \frac{K - M}{2}$$

$$L_q = \frac{K + M}{2} \quad \cdots\cdots\cdots\cdots\cdots (3\text{-}57)$$

上記の方法では、インダクタンスの磁気飽和を考慮できない。実際に駆動して負荷をかけ、電機子線間電圧、相電流、位置センサによる回転子位置を検出し、電圧、電流は高調波成分を除いた基本波成分として、式 (3-22) の微分項を無視した式を用いて L_d, L_q を求める方法もある。

(2-4) 鉄損抵抗 R_c

モータを無負荷、一定速度で回転させ、電機子電圧を変化させて、入力電力 P_{in}、電機子線間電圧 V_t、電機子電流 I を測定する。図 3-8 (a) より

$$E_0^2 = \left(\frac{V_t}{\sqrt{3}}\cos\varphi - R_a I\right)^2 + \left(\frac{V_t}{\sqrt{3}}\sin\varphi\right)^2$$

$$P_{in} = \sqrt{3} V_t I \cos\varphi \quad \cdots\cdots\cdots\cdots (3\text{-}58)$$

を用いて

$$V_b^2 = (\sqrt{3} E_0)^2 = V_t^2 - 2 R_a P_{in} + 3 R_a^2 I^2 \quad \cdots\cdots\cdots (3\text{-}59)$$

を横軸、機械損＋鉄損を縦軸にとった図 3-28 を描く。傾きの逆数が鉄損抵抗 R_c である。ただし、グラフが直線に近似できない場合は、漂遊負荷損が無視できないので本方式は適用できない。

(3) シミュレーション例

ここで一例として、永久磁石同期モータの定数を電機子抵抗 $R_a = 0.9\ \Omega$、d, q 軸インダクタンス $L_d = 12.5\ \text{mH}, L_q = 30\ \text{mH}$、磁束鎖交数 $\phi_f = 0.22\ \text{Wb}$、鉄損抵抗 $R_c = 350\ \Omega$ とした場合の特性の一例を図 3-29 に示す。シミュ

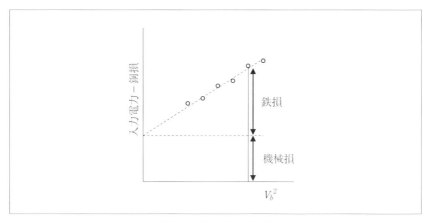

〔図 3-28〕損失の分離

レーション結果には鉄損抵抗を考慮しない図 3-25 の結果を破線および鉄損抵抗を考慮した図 3-27 の結果を実線で示してある。始動巻線を持たないモータであるので、入力相電圧実効値 10 V、周波数 10 Hz という低電圧、低周波で始動し、1 秒後に負荷トルク 0.5 N·m を加えている。図より、鉄損考慮ありとなしの違いを見ると、図 (j) の鉄損以外では大きな差は見られない。なお、鉄損抵抗を考慮しない結果と MATLAB のツールボックスとして提供されている同期モータモデルを用いた結果は、d 軸、q 軸電流除いて一致していた。ここで注意してほしいことは、MATLAB ツールボックスの座標変換は式 (2-65) や式 (2-67) と異なり、相対変換であり、つまり、式 (2-67) の C_{1r}^* の係数は $\sqrt{2/3}$ ではなく 2/3、式 (2-65) の C_1 の係数は $\sqrt{2/3}$ ではなく 1 である。従って、MATLAB ツールボックスで得られる d 軸、q 軸電流を $\sqrt{3/2}$ 倍すれば、両者は一致する。

また、MATLAB ツールボックスのモデルと $R_c = 350\ \Omega$ の鉄損抵抗を考慮した図 3-27 モデルについて、過渡現象が収束し定常状態とみなせる 5 秒後の比較を表 3-1 に示す。(入力−出力−銅損−鉄損) の積分値について調べてみよう。MATLAB シミュレーション結果の値は 0.1277 J となった。ここで、各インダクタンスに蓄えられる磁気エネルギーを次

式 $0.5(L_d i_d^2 + L_d i_d^2)$ で計算すると一致した。従って、(入力−出力−銅損−鉄損) は定常状態では 0 W となるが、(入力−出力−銅損−鉄損) の積

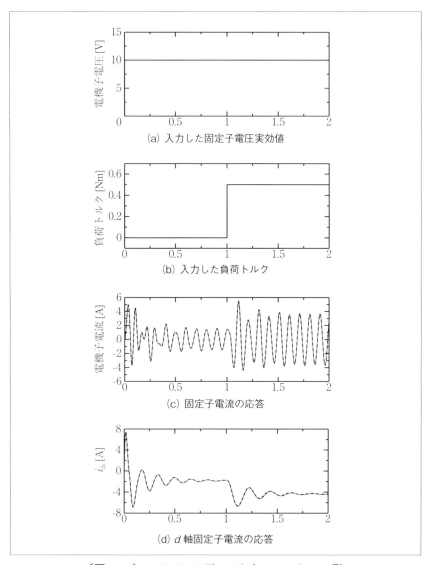

〔図 3-29〕MATLAB モデルのシミュレーション例

分値はモータに蓄えられた磁気エネルギーとなることが確認できる。

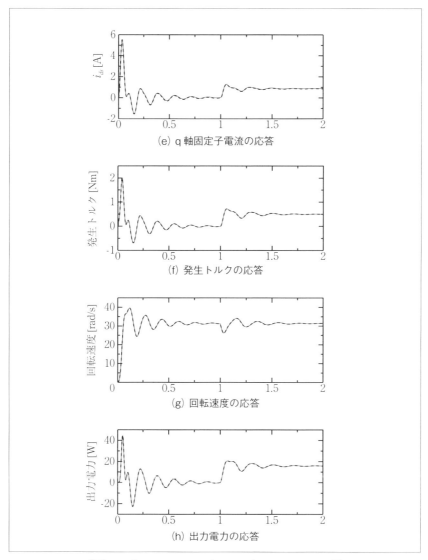

〔図 3-29〕MATLAB モデルのシミュレーション例

❖ 3章 同期モータ

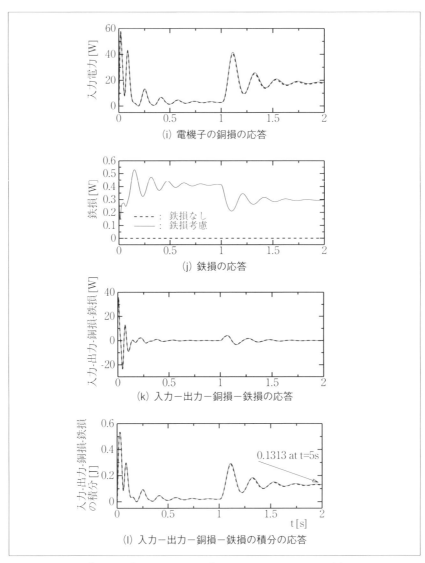

(i) 電機子の銅損の応答

(j) 鉄損の応答

(k) 入力－出力－銅損－鉄損の応答

(l) 入力－出力－銅損－鉄損の積分の応答

〔図 3-29〕MATLAB モデルのシミュレーション例

〔表 3-1〕鉄損を考慮した MATLAB モデルと T 形等価回路の比較

	SimPowerSystem モデル	図 3-27 モデル、$R_c = 350\ \Omega$
入力電力 [W]	33.27	34.16
出力電力 [W]	15.71	15.71
銅損 [W]	17.56	18.16
鉄損 [W]	0	0.296
入力 − (出力 + 銅損 + 鉄損) [W]	7.90×10^{-8}	1.87×10^{-7}
入力 − (出力 + 銅損 + 鉄損) の積分 [J]	0.1277	0.1313
磁気エネルギー [J] $0.5\,(L_d i_d^2 + L_d i_d^2)$	0.1277	0.1313

3−5 鉄損を考慮したときの定常時の高効率運転
(1) 速度−トルク領域での諸特性

「3-3節のベクトル制御用回路方程式と等価回路、(3) 銅損最小制御、(4) 鉄損最小制御」において、銅損と鉄損最小制御について説明したが、これは図3-19で表される鉄損抵抗を考慮しない場合である。前節で鉄損抵抗を考慮した図3-26の等価回路における基本式を示したので、この節で鉄損を考慮した**同期モータの効率最大化**について考えよう。鉄損を考慮したときの状態方程式は式 (3-49)、トルクは式 (3-51) として与えられたので、これらの式を用いて効率最大化あるいは損失最小化を行えばよい。なお、式 (3-49) において微分項を無視するした定常状態を扱う。式 (3-51) より

$$i_{oq} = \frac{T}{p\{\phi_f + (L_d - L_q)i_{od}\}} \quad \cdots\cdots (3\text{-}60)$$

$$\frac{\partial i_{oq}}{\partial i_{od}} = -\frac{T(L_d - L_q)}{p\{\phi_f + (L_d - L_q)i_{od}\}^2} \quad \cdots\cdots (3\text{-}61)$$

これをを用いて、式 (3-52) の銅損と式 (3-53) の鉄損の和について i_{od} の微分を0とおく。

$$\frac{\partial W_c}{\partial i_{od}} = \frac{\partial}{\partial i_{od}}\left\{R_a(i_{od} + i_{cd})^2 + R_a(i_{oq} + i_{cq})^2\right\}$$

$$= 2R_a\left\{i_{od} - \frac{\omega_r L_q}{R_c}\frac{T}{pA}\right\}\left\{1 + \frac{\omega_r L_q}{R_c}\frac{T(L_d - L_q)}{pA^2}\right\}$$

$$+ 2R_a\left\{\frac{T}{pA} + \frac{\omega_r(\phi_f + L_d i_{od})}{R_c}\right\}\left\{\frac{-T(L_d - L_q)}{pA^2} + \frac{\omega_r L_d}{R_c}\right\}$$

$$\frac{\partial W_i}{\partial i_{od}} = \frac{1}{R_c}\frac{\partial}{\partial i_{od}}\left\{(\omega_r L_q i_{oq})^2 + (\omega_r \phi_f + \omega_r L_d i_{od})^2\right\}$$

$$= -\frac{(\omega_r L_q)^2}{R_c}\frac{2T^2(L_d - L_q)}{p^2 A^3} + \frac{2\omega_r^2 L_q}{R_c}(\phi_f + L_d i_{od})$$

ここで、$A = \phi_f + (L_d - L_q)i_{od}$
整理すると

$$\alpha_4 i_{od}^4 + \alpha_3 i_{od}^3 + \alpha_2 i_{od}^2 + \alpha_1 i_{od} + \alpha_0 = 0$$
$$\alpha_4 = p^2 (L_d - L_q)^3 \{R_a R_c^2 + \omega_r^2 L_d^2 (R_a + R_c)\}$$
$$\alpha_3 = p^2 [(L_d - L_q)^3 \omega_r^2 L_d \phi_f (R_a + R_c)$$
$$+ 3(L_d - L_q)^2 \phi_f \{R_a R_c^2 + \omega_r^2 L_d^2 (R_a + R_c)\}]$$
$$\alpha_2 = p^2 [3(L_d - L_q)^2 \omega_r^2 L_d \phi_f^2 (R_a + R_c)$$
$$+ 3(L_d - L_q) \phi_f^2 \{R_a R_c^2 + \omega_r^2 L_d^2 (R_a + R_c)\}]$$
$$\alpha_1 = p^2 [3(L_d - L_q) \omega_r^2 L_d \phi_f^3 (R_a + R_c)$$
$$+ \phi_f^3 \{R_a R_c^2 + \omega_r^2 L_d^2 (R_a + R_c)\}]$$
$$\alpha_0 = p^2 \omega_r^2 L_d \phi_f^4 (R_a + R_c) - (L_d - L_q)\{R_a R_c^2 + \omega_r^2 L_q^2 (R_a + R_c)\} T^2$$

$\cdots$ (3-62)

となる。
まとめると、トルク T と速度が与えられたときの効率が最大となるは4次方程式 (3-62) となる。これを解いて i_{od} を求めて、次の順で求めればよい。

$$i_{oq} = \frac{T}{p\{\phi_f + (L_d - L_q)i_{od}\}} \quad \cdots\cdots\cdots\cdots\cdots\cdots\cdots\cdots \text{(3-60)}$$

鉄損電流 $\quad i_{cd} = \dfrac{v_{od}}{R_c} = \dfrac{-\omega_r L_q i_{oq}}{R_c}$

鉄損電流 $\quad i_{cq} = \dfrac{v_{oq}}{R_c} = \dfrac{\omega_r \phi_f + \omega_r L_d i_{od}}{R_c}$

d 軸電流 $\quad i_d = i_{od} + i_{cd}$ $\cdots\cdots\cdots\cdots\cdots\cdots\cdots\cdots\cdots\cdots\cdots$ (3-45)

q 軸電流 $\quad i_q = i_{oq} + i_{cq}$ $\cdots\cdots\cdots\cdots\cdots\cdots\cdots\cdots\cdots\cdots\cdots$ (3-46)

d, q 軸電圧 　$\begin{Bmatrix} v_d \\ v_q \end{Bmatrix} = R_a \begin{Bmatrix} i_{od} \\ i_{oq} \end{Bmatrix} + \left(1 + \dfrac{R_a}{R_c}\right) \begin{Bmatrix} -\omega_r L_q i_{oq} \\ \omega_r \phi_f + \omega_r L_d i_{od} \end{Bmatrix}$

銅損　$W_c = R_a \left(i_d^2 + i_q^2 \right) = R_a I_a^2$ ……………………………… (3-52)

鉄損　$W_i = \dfrac{1}{R_c}\left(v_{od}^2 + v_{oq}^2 \right)$

$= \dfrac{1}{R_c}\left\{ (\omega_r L_q i_{oq})^2 + (\omega_r \phi_f + \omega_r L_d i_{od})^2 \right\}$

出力　$P_o = \omega_r \phi_f i_{oq} + (L_d - L_q)\omega_r i_{od} i_{oq}$ ……………………… (3-50)

効率　$\eta = \dfrac{P_o}{P_o + W_c + W_i}$ ……………………………………… (3-63)

 ここで一例として、永久磁石同期モータの定数を電機子抵抗 R_a = 0.9 Ω、d, q 軸インダクタンス L_d = 12.5 mH, L_q = 30 mH、磁束鎖交数 ϕ_f = 0.22 Wb、鉄損抵抗 R_c = 350 Ω とした場合の特性を図 3-30 に示す。図はトルクをパラメータにとった速度に対する特性を示すが、トルクについては定格の 1.2 倍までの 4 通りを示している。
　図 (a) より、電機子電圧は回転速度が高いとき高い値となる。図 (b) より、電機子電流は回転速度が高いとき大きい値となるが、高トルクのときは変化が少ない。図 (c) より、d 軸電流は回転速度が高いとき小さくなる。図 (d) より、q 軸電流は回転速度に対してあまり変化しない。そして、図 (e) に示すように、d, q 軸電流の奇跡は、低回転速度のときは最大 (トルク / 電流) 制御時と一致し、高回転速度になると最大 (磁束 / 電流) 制御時に近づいていくことが確認された。図 (f) より、銅損は電機子電流と同様の傾向がある。図 (g) より、鉄損はほぼ電機子電圧の 2 乗の特性をしている。図 (h) より、効率についてはトルクが小さいときの方が低回転速度時の効率は高くなっている。そして、低トルクの方が効率の高い範囲が広くなるという傾向がある。

図3-30で効率最大時の誘導電動機の諸特性を示したが、負荷として与えられるトルクTと回転角速度ω_mを独立変数として諸特性をマップで表すことは有用である。そこで、図3-30と同じ定数のモータについて、電機子電圧、電機子電流、銅損、鉄損、効率のマップを描くと図3-31に示す。図において、右上の領域、つまり高回転速度、高トルクでは値がないが、これは電機子電圧、電機子電流の上限（ここでは、定格値の

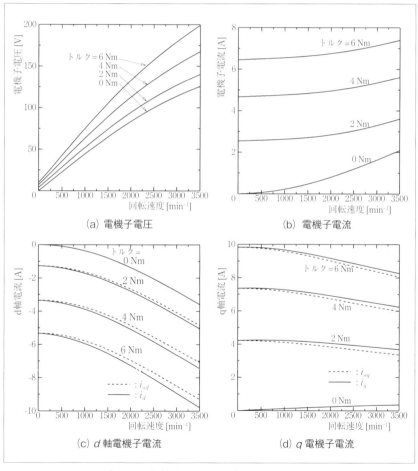

〔図3-30〕効率最大時の諸量の変化の例

1.2倍とした)のために運転不可能と考えて表示していない。図(b)より、電機子電流が上限に達したことが分かる。一度このようなマップを描いておけば、負荷として必要なトルクTと回転角速度ω_m時の特性を検討するのに有用である。

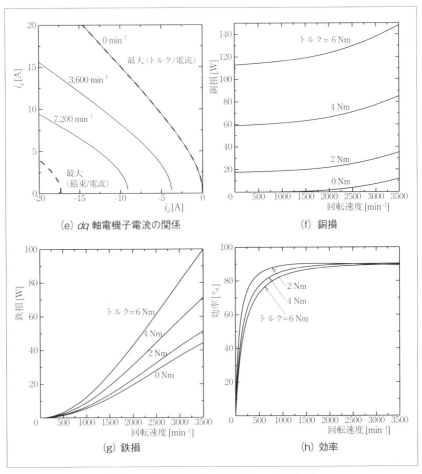

〔図 3-30〕効率最大時の諸量の変化の例

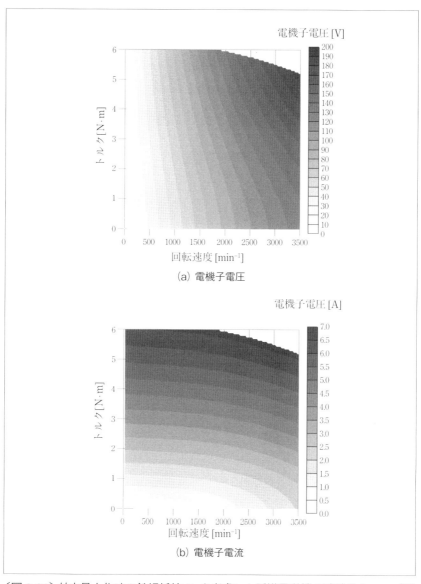

〔図 3-31〕効率最大化時の鉄損抵抗 R_c を考慮した誘導電動機の諸特性のマップ例

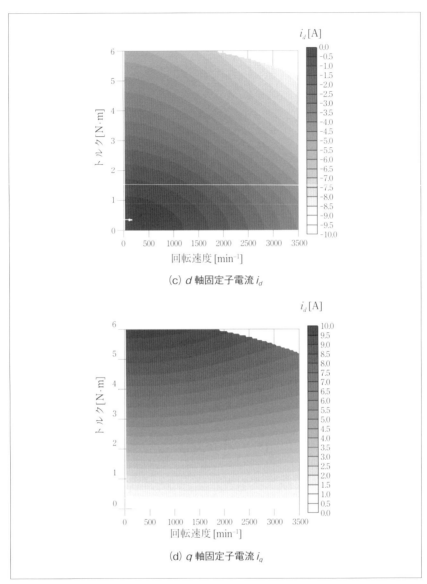

〔図 3-31〕効率最大化時の鉄損抵抗 R_c を考慮した誘導電動機の諸特性のマップ例

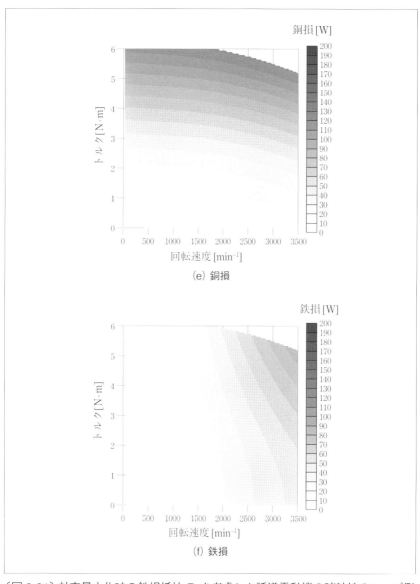

〔図 3-31〕効率最大化時の鉄損抵抗 R_c を考慮した誘導電動機の諸特性のマップ例

3章 同期モータ

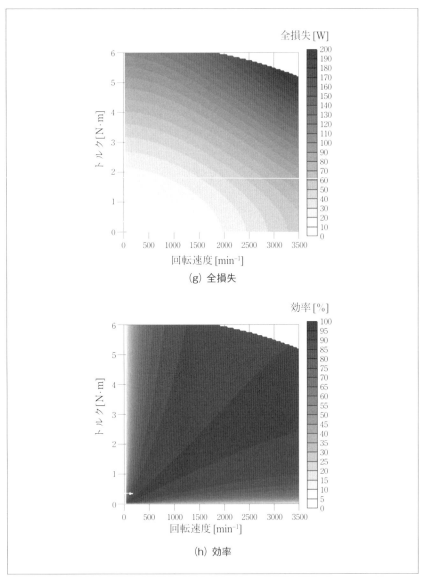

〔図 3-31〕効率最大化時の鉄損抵抗 R_c を考慮した誘導電動機の諸特性のマップ例

(2) SynRM、円筒型モータの式

一般の逆突極形の埋込磁石同期モータの効率最大時の条件は、式 (3-62) で示されるように、4次式で与えられた。従って、制御を行うには、電動機定数を用いて予めテーブルなどを準備する必要がある。しかし、式 (3-62) を良く見ると、SynRM、円筒型モータについては、4次式を解くことができる。

(2-1) SynRM の高効率運転条件

SynRM の場合は永久磁石を用いないので、式 (3-62) において $\phi_f = 0$ とおくことにより、

$$i_{od}^4 p^2 (L_d - L_q)^3 \{R_a R_c^2 + \omega_r^2 L_d^2 (R_a + R_c)\}$$
$$- (L_d - L_q)\{R_a R_c^2 + \omega_r^2 L_q^2 (R_a + R_c)\} T^2 = 0$$

$$i_{od} = -\sqrt[4]{\frac{\{R_a R_c^2 + \omega_r^2 L_q^2 (R_a + R_c)\}}{p^2 (L_d - L_q)^2 \{R_a R_c^2 + \omega_r^2 L_d^2 (R_a + R_c)\}}} \cdot \sqrt{T} \quad (3\text{-}64)$$

となり、i_{od} はトルク T と回転角速度 ω_m の関数となる。

(2-2) 円筒型同期モータの高効率運転条件

円筒型の場合は式 (3-62) において $L_d = L_q$ とおくことにより、

$$i_{od} = -\frac{\omega_r^2 L_d \phi_f (R_a + R_c)}{R_a R_c^2 + \omega_r^2 L_d^2 (R_a + R_c)} \quad \cdots\cdots\cdots\cdots\cdots\cdots (3\text{-}65)$$

したがって、円筒型モータの場合トルク T を含まないことが分かる。

参考文献

1章

[1-1] （財）新機能素子研究開発協会：電力使用機器の消費電力量に関する現状と近未来の動向調査、p.42、2009年3月23日

[1-2] （財）エネルギー総合工学研究所：平成21年度省エネルギー設備導入促進指導事業（エネルギー消費機器実態等調査事業）報告書、p.28

[1-3] （一社）日本電機工業会：地球環境保護・省エネルギーのためにトップランナーモータ、2015年11月

[1-4] 宮入庄太：大学講義 最新電気機器学、丸善出版、1979

[1-5] 宮入庄太：大学講義 電気・機械エネルギー変換工学、丸善出版、1976

[1-6] 見城尚志、永守重信：新・ブラシレスモータ、総合電子出版、2005

2章

[2-1] Tesla, Inc. https://www.tesla.com/jp/blog/induction-versus-dc-brushless-motors　2019.3.12 検索

[2-2] 宮入庄太：大学講義 最新電気機器学、丸善出版、1979

[2-3] 藤田宏：電気機器、森北出版、1991

[2-4] 宮入庄太：大学講義 電気・機械エネルギー変換工学、丸善出版、1976

[2-5] 杉本英彦、小山正人、玉井伸三：ACサーボシステムの理論と設計の実際、総合電子出版、1990

[2-6] 山村昌：交流モータの解析と制御、オーム社、1988

[2-7] E. Levi: Impact of iron loss on behavior of vector controlled induction machines, IEEE Trans. Industry Applications, vol. 31, no. 6, pp.1287-1296 (1995)

[2-8] 辻、本城、泉、山田：鉄損を考慮した誘導電動機のベクトル制御の一方式、電気学会論文誌D、Vol.122-D、No.5、pp.541-542、2002

3 章

[3-1] 武田洋次、松井信行、森本茂雄、本田幸夫：埋込磁石同期モータの設計と制御、オーム社、2001

[3-2] 森本茂雄、真田雅之：省エネモータの原理と設計法、科学情報出版、2013

[3-3] 宮入庄太：大学講義 最新電気機器学、丸善出版、1979

[3-4] 藤田宏：電気機器、森北出版、1991

[3-5] 杉本英彦、小山正人、玉井伸三：AC サーボシステムの理論と設計の実際、総合電子出版、1990

[3-6] 松瀬貢規：電動機制御工学 - 可変速ドライブの基礎 -、電気学会、2007

[3-7] 電気学会技報 954

[3-8] 電気学会技報 849

[3-9] 電気学会：JEC-TR 永久磁石同期機の特性算定法、電気学会、2006

索引

あ
$i_{\gamma s}, i_{\delta s}, i_{\gamma r}, i_{\delta r}$ を状態変数にした誘導電動機の式‥93
$i_{\gamma s}, i_{\delta s}, \phi_{\gamma r}, \phi_{\delta r}$ を状態変数にした誘導電動機の式‥97
$i_{\gamma s}, i_{\delta s}, i_{\gamma r}, i_{\delta r}$ を変数にしたトルク ‥‥‥‥‥ 102
$i_{\gamma s}, i_{\delta s}, \phi_{\gamma r}, \phi_{\delta r}$ を状態変数にしたトルク ‥‥‥‥ 102
iBl 則 ‥‥‥‥‥‥‥‥‥‥‥‥‥‥‥‥‥‥ 6

い
1次を2次に換算した変圧器の等価回路 ‥‥‥ 88

う
渦電流損 ‥‥‥‥‥‥‥‥‥‥‥‥‥‥‥‥ 29
埋込磁石同期モータ ‥‥‥‥‥‥‥‥‥‥ 140

え
L形等価回路 ‥‥‥‥‥‥‥‥‥‥‥‥‥‥ 71
円筒型同期モータの高効率運転条件 ‥‥‥ 191
エンドリング ‥‥‥‥‥‥‥‥‥‥‥‥‥‥ 63

か
界磁 ‥‥‥‥‥‥‥‥‥‥‥‥‥‥‥‥‥‥‥ 4
間接型のベクトル制御 ‥‥‥‥‥‥‥‥‥‥ 83
$\gamma\delta$ 座標 ‥‥‥‥‥‥‥‥‥‥‥‥‥‥‥‥ 92
$\gamma\delta$ 軸等価回路1 ‥‥‥‥‥‥‥‥‥‥‥ 100
$\gamma\delta$ 軸等価回路2 ‥‥‥‥‥‥‥‥‥‥‥ 100

き
機械時定数 ‥‥‥‥‥‥‥‥‥‥‥‥‥‥‥ 24
機械損 ‥‥‥‥‥‥‥‥‥‥‥‥‥‥‥ 30, 72
逆突極 ‥‥‥‥‥‥‥‥‥‥‥‥‥‥‥‥ 141

く
クリップでできるDCモータ ‥‥‥‥‥‥ 10

こ
降圧型チョッパ ‥‥‥‥‥‥‥‥‥‥‥‥‥ 20
拘束試験 ‥‥‥‥‥‥‥‥‥‥‥‥‥‥‥‥ 73
交番磁界 ‥‥‥‥‥‥‥‥‥‥‥‥‥‥‥‥ 54
効率が最大となるときの回転角速度 ‥‥‥‥ 43
効率の最大値 ‥‥‥‥‥‥‥‥‥‥‥‥‥‥ 43

さ
最大効率の式 ‥‥‥‥‥‥‥‥‥‥‥‥‥‥ 80
座標変換 ‥‥‥‥‥‥‥‥‥‥‥‥‥‥‥‥ 83
三相交流による回転磁界 ‥‥‥‥‥‥‥‥‥ 53
三相電圧形インバータ ‥‥‥‥‥‥‥‥‥ 116

し
昇圧型チョッパ ‥‥‥‥‥‥‥‥‥‥‥‥‥ 20
SynRMの高効率運転条件 ‥‥‥‥‥‥‥ 191
進角 ‥‥‥‥‥‥‥‥‥‥‥‥‥‥‥‥‥ 162

す
すべり ‥‥‥‥‥‥‥‥‥‥‥‥‥‥‥‥‥ 63
すべり周波数 ‥‥‥‥‥‥‥‥‥‥‥‥‥‥ 63
スロット ‥‥‥‥‥‥‥‥‥‥‥‥‥‥‥‥‥ 8

せ
整流子 ‥‥‥‥‥‥‥‥‥‥‥‥‥‥‥‥‥‥ 5

た
脱調 ‥‥‥‥‥‥‥‥‥‥‥‥‥‥‥‥‥ 142

ち
直流機定数 ‥‥‥‥‥‥‥‥‥‥‥‥‥‥‥‥ 8

て
T形等価回路 ‥‥‥‥‥‥‥‥‥‥‥‥‥‥ 70
dq 座標 ‥‥‥‥‥‥‥‥‥‥‥‥‥‥ 91, 158
dq 座標系の同期モータの式 ‥‥‥‥‥‥ 159
dq 軸等価回路 ‥‥‥‥‥‥‥‥‥‥‥‥ 163
dq 変換 ‥‥‥‥‥‥‥‥‥‥‥‥‥‥‥‥ 90
DCモータのSpiceモデル ‥‥‥‥‥‥‥ 26
DCモータのMATLABモデル ‥‥‥‥‥ 23
T-Ⅱ型定常等価回路 ‥‥‥‥‥‥‥‥‥ 102
鉄損 ‥‥‥‥‥‥‥‥‥‥‥‥‥‥‥‥‥‥ 29
鉄損最小制御 ‥‥‥‥‥‥‥‥‥‥‥‥‥ 168
鉄損を考慮した等価回路、MATLABモデル ‥ 107
電機子 ‥‥‥‥‥‥‥‥‥‥‥‥‥‥‥‥‥‥ 4
電気時定数 ‥‥‥‥‥‥‥‥‥‥‥‥‥‥‥ 24
電気-機械エネルギー変換 ‥‥‥‥‥‥‥‥ 12

と
同期 ‥‥‥‥‥‥‥‥‥‥‥‥‥‥‥‥‥ 137
同期インピーダンス ‥‥‥‥‥‥‥‥‥‥ 148
同期速度 ‥‥‥‥‥‥‥‥‥‥‥‥‥‥‥ 137
同期モータの効率最大化 ‥‥‥‥‥‥‥‥ 182

同期モータの dq 軸等価回路 ・・・・・・・・・・・・・・・・・ 163
同期リラクタンスモータ ・・・・・・・・・・・・・・・・・・・ 139
同期ワット ・・・・・・・・・・・・・・・・・・・・・・・・・・・・・・・ 75
同期ワットのトルク ・・・・・・・・・・・・・・・・・・・・・・・ 76
銅損 ・・・・・・・・・・・・・・・・・・・・・・・・・・・・・・・・・・・・・ 29
銅損最小制御 ・・・・・・・・・・・・・・・・・・・・・・・・・・・ 166
突極 ・・・・・・・・・・・・・・・・・・・・・・・・・・・・・・・・・・・・ 139
トルク定数 ・・・・・・・・・・・・・・・・・・・・・・・・・・・・・・・ 8

な
内部相差角 ・・・・・・・・・・・・・・・・・・・・・・・・・・・・・ 149

に
2次を1次に換算した変圧器の等価回路 ・・・・・・ 88

は
バー ・・・・・・・・・・・・・・・・・・・・・・・・・・・・・・・・・・・・・ 63
パルス幅変調 ・・・・・・・・・・・・・・・・・・・・・・・・・・・ 117
半導体スイッチによる回転磁界 ・・・・・・・・・・・・・ 58

ひ
ヒステリシス損 ・・・・・・・・・・・・・・・・・・・・・・・・・・・ 29
非突極（円筒） ・・・・・・・・・・・・・・・・・・・・・・・・・・ 139
表皮効果 ・・・・・・・・・・・・・・・・・・・・・・・・・・・・・・・・ 76
表皮深さ ・・・・・・・・・・・・・・・・・・・・・・・・・・・・・・・・ 76
比例推移 ・・・・・・・・・・・・・・・・・・・・・・・・・・・・・・・・ 76

ふ
ファラデーの電磁誘導の法則 ・・・・・・・・・・ 51, 162
V/f 一定制御 ・・・・・・・・・・・・・・・・・・・・・・・・・・・・ 77
V 曲線 ・・・・・・・・・・・・・・・・・・・・・・・・・・・・・・・・・ 153
vBl 則 ・・・・・・・・・・・・・・・・・・・・・・・・・・・・・・・ 6, 50
ブラシ ・・・・・・・・・・・・・・・・・・・・・・・・・・・・・・・・・・・・ 4
ブラシレス DC モータ ・・・・・・・・・・・・・・・・ 5, 137
ブラシレス DC モータとして回る磁石コマ ・・・ 155

へ
ベクトル制御 ・・・・・・・・・・・・・・・・・・・・・・・・・・・・ 83
変調度 ・・・・・・・・・・・・・・・・・・・・・・・・・・・・・・・・・ 118

ま
マグネットトルク ・・・・・・・・・・・・・・・・・・・・・・・ 142

む
無負荷試験 ・・・・・・・・・・・・・・・・・・・・・・・・・・・・・・ 72

ゆ
誘導起電力定数 ・・・・・・・・・・・・・・・・・・・・・・・・・・・ 8
誘導電動機として回るアルミの卵 ・・・・・・・・・・ 62
誘導電動機の高効率化のための
構造面での有効な手段 ・・・・・・・・・・・・・・・・・・ 61

り
リラクタンストルク ・・・・・・・・・・・・・・・・・・・・・ 143

■ 著者紹介 ■

石川 赴夫（いしかわ たけお）
群馬大学大学院理工学府電子情報部門

■経歴：
1978 年　埼玉大学理工学部電気工学科卒業
1983 年　東京工業大学大学院理工学研究科電気・電子工学専攻博士後期課程終了
　　　　博士（工学）
1983 年　群馬大学工学部電気工学科　助手
1990 年～ 1991 年　カナダトロント大学（文部省在外研究員）
1991 年　群馬大学工学部電気電子工学科　助教授
2001 年　群馬大学工学部電気電子工学科　教授
2013 年　群馬大学大学院理工学府電子情報部門　教授
現在に至る
この間、1994 年から電気学会回転機技術委員会小形モータ関係の調査専門委員（2013 年から 4 年間委員長）。モータ関係で、2002 年 IEEE CEFC Best Poster Paper、2009 年 ISEM Best Poster Presentation、2016 年日本 AEM 学会論文賞、2017 年 FA 財団論文賞、2018 年 APSAEM Best Paper を受賞。

■専門：電気機器、パワーエレクトロニクス
■所属学会：IEEE、電気学会、日本 AEM 学会、日本シミュレーション学会

● ISBN 978-4-904774-42-7

設計技術シリーズ

インホイールモータ原理と設計法

東京都市大学　西山　敏樹
㈱イクス　　　遠藤　研二　著
㈲エーエムクリエーション　松田　篤志

本体 4,600 円 + 税

1. インホイールモータの概要とその導入意義
2. インホイールモータを導入した実例
　2.1　パーソナルモビリティの実例
　2.2　乗用車の実例
　2.3　バスの実例
　2.4　将来に向けた応用可能性
3. 回転電機の基礎とインホイールモータの概論
　3.1　本章の主な内容と流れ
　　3.1.1　本書で取り扱うモータの種類
　　3.1.2　磁石モータ設計の流れ
　3.2　モータの仕様決定
　　3.2.1　負荷パターンの算出
　　3.2.2　定格の決定
　　3.2.3　モータ特性への称賛
　　3.2.4　温度の遅れ要素
　　3.2.5　1次遅れの話
　3.3　電磁気学
　　3.3.1　帰納と演繹
　　3.3.2　マクスウェルに至るまでの歴史
　　3.3.3　マクスウェルの電磁方程式
　　3.3.4　磁気ベクトルポテンシャルの導入
　　3.3.5　マクスウェルの方程式に残る不可解さ
　　3.3.6　マクスウェルの式が扱えない理解不能な事象
　　3.3.7　マクスウェルの式が扱えない事象
　3.4　電磁気の簡易公式
　　3.4.1　ローレンツ力
　　3.4.2　フレミングの法則
　　3.4.3　簡易則の留意点
　　3.4.4　その他の簡易法則
　3.5　モータの体格
　　3.5.1　機械定数
　　3.5.2　電気装荷
　　3.5.3　磁気装荷
　　3.5.4　機械定数と電気装荷、磁気装荷
　3.6　モータと相数
　　3.6.1　交流モータの胎動
　　3.6.2　単相
　　3.6.3　2相
　　3.6.4　コンデンサ
　　3.6.5　インダクタンス
　　3.6.6　抵抗
　　3.6.7　虚数
　　3.6.8　虚時間
　　3.6.9　n相
　　3.6.10　3相
　　3.6.11　5相、7相、多相
　3.7　極数の選択
　3.8　コイルと溝数および設計試算
　　3.8.1　コイル構成と溝数
　　3.8.2　磁気装荷
　　3.8.3　直列導体数
　　3.8.4　直並列回路
　　3.8.5　隣接接続と隔極接続
　　3.8.6　スター結線とデルタ結線
　　3.8.7　溝断面の設定と導体収納
　　3.8.8　温度推定
　　3.8.9　ロータコアの構造
　　3.8.10　内外逆転したアウターロータ構造
　3.9　素材
　　3.9.1　コア材
　　3.9.2　技術資料に見る特性の留意点
　　3.9.3　高珪素鋼板
　　3.9.4　ヒステリシス損と渦電流損
　　3.9.5　付加損
　　3.9.6　圧粉磁心
　　3.9.7　芯線の素材
　　3.9.8　マグネットワイヤ
　　3.9.9　被覆材の厚み
　　3.9.10　高温下での寿命の算出
　　3.9.11　丸断面からの逸脱
　　3.9.12　磁石素材
　　3.9.13　希土類元素
　　3.9.14　磁気性能の向上
　　3.9.15　モータの中で磁石が果たす役割
　　3.9.16　磁石利用の実務
　　3.9.17　効率最大化への試み
　　3.9.18　鉄機械と銅機械
　　3.9.19　効率最大原理
　3.10　制御
　　3.10.1　2軸理論
　　3.10.2　トルク式
　　3.10.3　3相PWMインバータの構成
　3.11　誘導モータ
　　3.11.1　構造
　　3.11.2　原理
　　3.11.3　磁石モータとの比較
　3.12　小括
　3章の参考図書と印象
4. インホイールモータ設計の実際
　4.1　要求性能の定量化
　　4.1.1　インホイールモータについての予備知識
　　4.1.2　インホイールモータの役割
　　4.1.3　走行抵抗の計算
　　　4.1.3.1　平坦路走行負荷の計算・・・転がり抵抗（F_{rl}）
　　　4.1.3.2　平坦路走行負荷の計算・・・空気抵抗（F_l）
　　　4.1.3.3　登坂負荷の計算（F_{sl}）
　　　4.1.3.4　加速負荷の計算（F_a）
　　　4.1.3.5　負荷計算のまとめと走行に必要な出力
　　4.1.4　電費の計算
　　　4.1.4.1　電費評価の方法（規格・基準）
　　　4.1.4.2　電費計算の実際
　4.2　設計の実際
　　4.2.1　基本構想（レイアウト）
　　4.2.2　強度・剛性について
　　4.2.3　バネ下重量について
5. 商品化、量産化に向けての仕事
　5.1　評価の概要
　　5.1.1　構想～計画
　　5.1.2　単品設計～試作手配
　　5.1.3　組立～試運転
　5.2　評価の詳細
　　5.2.1　性能評価
　　5.2.2　耐久性の評価
　5.3　評価のまとめ
　4章から5章の参考文献

発行／科学情報出版（株）

●ISBN 978-4-904774-17-5　　　　　　　　　　　㈱東芝　野田　伸一　著

設計技術シリーズ

モータの騒音・振動と対策設計法

本体 3,600 円 + 税

第1章　モータの基礎
　1．モータの構造
　2．モータはなぜ回るのか
　3．実際のモータの回転構成と特性
　　3.1　三相誘導モータ
　　3.2　ブラシレス DC モータ
第2章　騒音・振動の基礎
　1．騒音・振動の基礎
　　1.1　自由度モデル
　　1.2　1自由度モデルの強制振動
　　1.3　設置ベースに伝わる力
　　1.4　多自由度モデル
　　1.5　振動モード解析の基礎
　2．振動測定の基礎、周波数分析
　　2.1　振動測定
　　2.2　振動測定の原理
　　2.3　各種の振動ピックアップ
　　2.4　振動測定の方法と注意点
　　2.5　周波数分析
　　2.6　振動データの表示
　3．有限要素法による振動解析
　　3.1　CAEとは
　　3.2　有限要素法による解析
　　3.3　振動問題への取り組み
　　3.4　固有値解析
　　3.5　周波応答解析
第3章　モータ構成部品の機械特性
　1．円環モデルの固有振動数と振動モード
　　1.1　円環モデルの固有振動数
　　1.2　実験方法
　　1.3　三次元円環モデルの有限要素法による振動解析
　　1.4　結果および考察
　　1.5　まとめ
　2．実際の固定子鉄心の固有振動数
　　2.1　簡易式による固定子鉄心の固有振動数の計算

　　2.2　実験
　　2.3　実験結果
　3．有限要素法による固有振動数解析
　　3.1　解析方法
　　3.2　スロット底の要素分割法による影響
　　3.3　解析結果
　　3.4　スロット内の巻線の影響
　　3.5　まとめ
第4章　モータの電磁力
　1．モータ電磁振動・騒音の発生要因
　　1.1　電磁力の発生周波数と電磁力モード
　　1.2　電磁力の計算
　2．モータの機械系の振動特性
　　2.1　電磁力による振動応答解析
　　2.2　測定結果
　3．騒音シミュレーション
　4．まとめ
第5章　モータのファン騒音
　1．モータのファン騒音
　　1.1　ファン騒音の大きさと発生周波数
　　1.2　冷却に必要な通風量
　　1.3　ファンによる送風量
　2．モータファンの騒音実験
　　2.1　実験対象のモータの構造
　　2.2　ファン騒音の実測による検証
　　2.3　実験による空間共鳴周波数と騒音分布の検証
　　2.4　共鳴周波数解析
　3．モータファンの低騒音化
　　3.1　回転風切り音の発生メカニズム
　　3.2　等配ピッチ羽根による回転風切り音
　　3.3　不等配ピッチ羽根による回転風切り音
　4．まとめ
第6章　モータ軸受の騒音と振動
　1．モータの軸受の種類と特徴
　2．軸受の経過年数の傾向管理
　3．軸受音の調査方法
　　3.1　振動法とは
　　3.2　軸受の傷の有無の解析方法
　　3.3　軸受の音の周波数
　4．モータ軸受振動と騒音の事例
　5．まとめ
第7章　モータの騒音・振動の事例と対策
　1．モータの騒音・振動の要因
　　1.1　電磁気的な要因
　　1.2　機械的振動の要因
　　1.3　軸受音の要因
　　1.4　通風音の要因
　　1.5　モータ据付け架台の要因
　　1.6　その他基礎要因
　事例1　モータの磁気騒音　音源
　事例2　ファン用モータのうなり音　音源
　事例3　ファンモータの不等配羽ピッチ　通風の音源
　事例4　インバータ駆動によるモータ　インバータ音源音
　事例5　モータ固定子鉄心の固有振動数　共振伝達
　事例6　モータ運転時間経過による騒音変化　伝達特性
　事例7　モータのスロットコンビ　音源と伝達
　事例8　ボール盤用モータの異常振動　音源
　事例9　モータ据付け系の振動　伝達系
　事例10　隣のモータからもらい振動　伝達
　事例11　モータの架台と振動　据付け系
　事例12　工作機械とモータの振動　相性の振動

発行／科学情報出版（株）

設計技術シリーズ
―省電力を実現する―
小型モータの原理と駆動制御

2019年7月20日　初版発行

著　者　石川　赴夫　　　　　　　　　　　©2019
発行者　松塚　晃医
発行所　科学情報出版株式会社
　　　　〒300-2622　茨城県つくば市要443-14 研究学園
　　　　電話　029-877-0022
　　　　http://www.it-book.co.jp/

ISBN 978-4-904774-71-7　C2054
※転写・転載・電子化は厳禁